前橋学ブックレット❾

| 玉糸製糸の祖　小渕しち |

上毛新聞社
〜BOOKLet

目　次

はじめに	4
第1章　小渕しちの生きた時代	5
国内の事情	
上州の事情	
赤城山麓石井村近辺の様子	
富岡製糸場としちの関わり	
豊橋地方の製糸業	
第2章　小渕しちの生涯	15
誕生から出奔まで	
豊橋で製糸業を始める	
工場の移転	
玉糸のこと	
玉糸製糸が軌道にのる	
第3章　小渕しちの晩年	24
義一を養子とする	
富岡製糸場の工女寄宿制度	
糸徳工場に講堂を建てる	
報われる日	
小渕しち逝去	
第4章　小渕しちの遺したもの	36
風土、環境、時代の影響を生かして	
後継者　小渕義一	
製糸場から幼稚園へ	
現在へ繋ぐもの　糸徳公益財団	
第5章　小渕しちの銅像建立	45
糸徳会のこと	
銅像建立計画から再建まで	
第6章　小渕しちを支えた人々	47
徳次郎	
洞恩和尚（しちと徳次郎に戸籍を作って	
くれた、岩屋山大岩寺の住職）	
第7章　資料に見る小渕しち	51
富士見村誌、勢多郡誌	
名古屋新聞	
追憶	
おわりに	72
糸徳製糸本工場平面図	74
小渕しち略歴	76
参考引用文献	78
あとがき	79
創刊の辞	82

はじめに

　小渕しちの生誕から今年は169年目となる。これまで群馬県内の地元ではごくわずかな人にしかその名は知られていない。

　小渕しちは上州（群馬県）赤城山麓の石井村（現前橋市富士見町石井）の生まれであり、愛知県の豊橋地方で玉糸製糸を興した人、玉繭から糸を取る技術を開発し、従業

小渕しち（67歳）

員1,000人を超す大工場に発展させた功労者として名を残している。そしてその功績を讃える人たちによって、豊橋市の岩屋山麓の公園緑地に銅像が立っている。

　平成26年（2014）、群馬県の「富岡製糸場と絹産業遺産群」が世界遺産となり、富岡製糸場の建物をはじめ、養蚕や製糸など関係のものにも光が当てられている。

上州に生まれ、糸に関わったものの1人として、改めて小渕しちの業績やその生き方に注目したい。

　「1847年（弘化4）〜1929年（昭和4）勢多郡富士見村出身、愛知県で豊橋周辺の玉糸製糸業を開発、発展させた功労者。幼くして製糸工女となり、また自宅で製糸に従う。30歳頃愛知県二川町（現豊橋市）に移住。男性も及ばぬ玉糸製糸業界の創始者として、夫の死後も独力で困難と戦いながら事業を拡大、この地方の製糸業の発展に貢献した」
（『富士見村誌』）

第1章　小渕しちの生きた時代

国内の事情

　しちの生まれは弘化4年（1847）、江戸時代の末期に当たる。
　江戸期は戦国の世が治まり、太平が続いていろいろな文化が進んだ時代であり、衣装などにも絹ものが多く使用されるようになった。江戸期の初め、幕府は輸入生糸を唐物(からもの)（中国やインド産）から和糸（国内産の生糸）への切り替え政策を行なった。それまでは生糸や絹織物を輸入していたために、莫大な金・銀が外国へ流出していたからであった。それを強力に制限して、原料糸を和糸に切り替えるようにしたもの。すでに貞享元年（1684）

の頃から上州の日野絹、桐生絹などは京都へ出荷されていたのである。

　絹の需要が膨張したことによって、養蚕の奨励は積極的に進められる。農家では当時まだ、養蚕者と製糸者は分かれておらず、養蚕家が収穫した繭をそのまま売るより、自分で糸に引いて売るものが多かった。

上州の事情

　安政6年（1859）7月1日、横浜の開港による生糸貿易が開始された。上州は開港以来日本における蚕糸業（絹織物業、製糸業、養蚕業）の最大中心地であり、最先端地域であった。

　中居屋重兵衛の「中居屋」、加部安左衛門の「加部安」らが横浜に出店した。中居屋の扱う生糸は質がよく、海外での評判が高かった。この貿易により生糸の商品価値が一挙に高まって、養蚕にも一層の力が入れられ、糸を引く専業の業者（製糸家）も現れ始めた。

　横浜港開港の際、第一番に横浜へ商館を設置したのはイギリスのジャーデン・マゼソン商会であった。「御拝借地所御願済渡世」には、上州からの売込み問屋のうち、次の3人の名が記されている。

　明治4年（1871）の廃藩置県で、それまで禄をもらっていた武士は路頭に迷うことになる。政府は禄を離れた武士に授産資金を出している。これは上州でも同様、群馬県から3,199人の士族に243万2,000円の現金と公債が渡された。多くの金を手にした士族はすぐに乱費したり、商売をして失敗したりで、飢えが目前に迫った者などもあったという。

屋敷面積	氏名	取扱い商品
三三四坪四合	穀屋清左衛門（現高崎市吉井町）	日野紙、麻苧、日野生糸、紙類、呉服、館煙草、干大根、乾物、塗物、吉井鎌、鉄銅、金、上州産物、桐生織物、大豆、小麦、水油、薬種
四八三坪	中居屋重兵衛（現嬬恋村）	塗物、蜜柑、棕櫚皮、九年母、陶器、傘、木綿、干物、生蝋、麻苧、織物、真綿、葛粉、喜勢留、白糸絹糸、紙、織物、手遊、人参、杏仁、縮、石炭、油、薬種、小麦粉、松油、鉛、煙草、呉服太物、漆器類
四六八坪	加部安左衛門（現東吾妻町）	生糸、麻、紙、金物、煙草、粉、荒物、水油、薬種、生蝋、瀬戸物、茶、乾物、雑穀、呉服、太物

　養蚕地帯である群馬県、特に前橋藩では明治3年5月に、前橋藩営で製糸場（操糸場、揚返場）が始まり、大渡製糸場となり、廃藩の後は県に移管された（大渡観民の地で風呂川の水を利用し、イタリア式操糸器を用いた）。賃金貸し下げによってできたものに桐華組（神明町）、交水社（一毛町）、共栄社（諏訪町）その他がある。このようにして群馬県では（他県もほぼ同様に）製糸業が急速に発展し、そこで養蚕をする者（個人あるいは業者）と製糸をする者に分かれてゆくのである。

赤城山麓石井村近辺の様子
　山麓地帯では用水の確保が難しい。山中を流れ下る小河川を利用するので、それに沿って水田耕地が造られている。従って耕地に比して米の収量は少ない。

近世の幕藩領主は、水田の石高を基準にして年貢を徴収していたから、田は厳しく取り締まった。畑地にも一定の租税は課せられたが、それは水田よりもずっと緩やかであった。副業として養蚕を行い、桑栽培をすることも普及していた。山麓の地は桑の生育に適していた。養蚕農家は繭を収穫し、糸引き（製糸）をして、前橋の市にいって売った。糸には運上金（運送上納の略、税金の１つ）などは課せられない。糸引きは極めて一般化していて「女かせぎ」として大切なこととされていた。当時の石井村明細帳、天保12年（1841）には、石井村は次のように書かれている。

赤城山

一　養蚕の事
　（女かせぎとして）是は大体村中にて糸に任り壱ケ年に付き二拾両ほど前橋（の）市にて売買仕り候

小渕家もこの石井村の平均的な農家と言えるだろう。この辺りではどの家もたいてい座繰り器を備えて糸引きをしていた。座繰りができれば工場へ働きに出なくとも、自宅で現金収入が得られる。糸引きは女かせぎとしてごく普通のことであった。そこでは家内工業としての座繰り器の改良や、糸の品質を向上させる工夫も進められていたと考えられる。

　『富士見村誌』に石井村は次のように記される。

　当時の税地として田四十九町三反九畝二十六歩、畑六十六町六反四畝三歩、宅地二十一町六反四畝十六歩、山林三百八十四町三反一歩、その他竹林藪地八反余、合計五百十九町六反八畝二十五歩と、ほかに官有地四町二反余歩とがあった。

　明治三年の明細帳によれば全村住戸百三十五戸、男は農業を専業としていた。そのうち冬季において薪炭を業とするもの八十五戸、猟師九、馬商三、生糸商二十人、養蚕製糸に従う女二百十八人、出寄留二人、入寄留四人、社寺各一、公立学校一、（珊瑚寺内に仮設し、生徒男四十一人、女二十四人）等があった。

　産物としては繭九十石、米八百六十石、大麦五百三十三石。小麦二百八十五石、粟稗二百六十二石、その他雑穀、蔬菜、果実、木綿などは自家用に足るのみであった。製品の生糸六十三貫七百匁、玉糸十貫三百匁等は前橋に売っていた。

　同村は生糸、熨斗糸等の製糸に従事するものが前記のように数多くあっ

たが、ここに同村が玉糸製糸を創始してから以後、逐年部落の経済は向上するようになった。それは明治十年、村の羽鳥太平の母、某が屑繭を購入して、製糸したのが玉糸の始である。

小渕しちはこの石井村に生まれ、育った。しちが家を出る決心をした明治12年は、村内の養蚕、製糸が盛んになり始め、どの家も良い糸を引くのを競っていた時代であろう。

富岡製糸場としちの関わり

政府が官営富岡製糸場の操業を開始したのは明治5年（1872）である。製糸場では、農家で行っていた座繰りと同様、繭を湯の中でほぐし、糸の端を引き出して枠に巻き付ける。その糸は1本では細すぎて織物に作り難いので、何本か（数本から数十本）を束ねて撚りをかける。この工程を器械を使って大規模に行ったのが、官営富岡製糸場である。

小渕しちはその当時は25歳になっている。自宅で年間を通して座繰りを行い、糸質の向上や高値で売れる手段などを考えていた。それが一家の生計の支えでもあった。富岡製糸場の様子は女工の募集も、寄宿舎での生活も当然耳に入ってきたであろう。市場での人の噂でも、糸繭商人の情報からもそれは聞こえていたと思われる。

しちの出生から10年ほど後の安政6年（1859）、日本が通商条約を結んだ国々と貿易が開始された。開港の翌年には、日本からの輸出品のうち3

分の2に当たる259万4,000円が蚕糸類（蚕の種と生糸）であったという。蚕糸類がこのように大きく伸びた理由の1つは、当時ヨーロッパで蚕の伝染病が蔓延して、生糸や蚕種が大きく不足していたこと。もう1つの原因としては清（現中国）の国内事情の悪化があげられる。清国は生糸の大量輸出国であったが、アヘン戦争（1840～1842）とそれに続く太平天国の乱などによって、生糸の生産能力が激減したのだ。その頃、丁度開港した日本の生糸の評判がヨーロッパ商人の間に広がり、輸出が伸びた。上州の商人たちも当初は織物や和紙、煙草などいろいろと扱っていたが、やがて蚕糸類に特化して売り出すようになっていった。

　生糸に限らず、商品であればいずれも価格の変動が考えられるが、その品質の良否によって売価が異なってくる。生糸も輸出の増大に伴って、今までより一層品質に関心がもたれるようになった。

　生糸の輸出が盛んになるにつれ、儲けを得ようとする余り、粗製濫造や偽造品も出回り始める。見かけには上州や信州の上質糸を巻き付け、内部には品質の異なる糸を混ぜる、重さのあるものを内にくるんで目方をごまかすなどもあって、外国からの信用を失い、糸価がどんどん下ってきた。政府は業者への取り締まりを強化したほか、解決策として、品質向上のためには「外国の良い器械を国内に広め、外国人を雇って使い方を習えば品質も向上する」として、官営製糸場設立を決めた。富岡地方は周辺は畑地が多く養蚕、製糸が盛んだったこともあり、製糸場の立地条件として優れていたのだ。

その頃の小渕しちは富岡製糸場の様子をどれだけ知っていたのだろうか。自宅で座繰り製糸を続けながら、彼女は一銭でも高く売れる良質の糸を目指して、また１匁でも多くの糸が取れることを心がけて、早朝から深夜まで励んでいた。養蚕時期には人一倍、蚕飼いに専念した。だが春蚕、初秋蚕、晩秋蚕の収穫繭だけでは、１年中の糸引きの分にはとても足りない。彼女は暇ができると前橋の繭市場へ向かった。市場では繭相場の動向、外国との取り引き状況、買い手側の希望など、あらゆることが耳に入ってきた。富岡製糸場のことも大きな話題となっていた。そこでは手繰りではなく器械を使って糸を引いているという。大勢の女工の中には腕の良い人もまだ未熟な人もいるらしい。糸の品質はどんなものだろうか。また工場は寄宿制で厳しい躾があるという。夜や休日には勉強の時間があって、糸引き器械の技術を学ぶほかに、読み、書き、そろばんを教えられたりするという。自分とは関係ないことながら噂には興味があり、糸質の良さには少しだけ対抗意識ももっていたしちであった。後年、豊橋で糸を繰りながら、「あの富岡に負けないものを！」と呟いていたと聞く。
　彼女は「寄宿制」という言葉に興味を引かれた。己の家を出て集団の生活をする。厳しい規律の中で切磋琢磨し合って自分の技術を磨く、しかも技が上達して人より給金が上がればなお嬉しい。また決まった作業が終われば休み時間に勉強も教えて貰えると…。幼い日に一字も習うことのなかった彼女にとってそれは夢のような話であった。
　市場へ行かず、糸繭商人が繭を持ってくる約束の日は待ち遠しい。引き

上がっている糸も多くあるし、世間話も話題が豊富で面白いし、市場で聞きかじった富岡の話ももっとくわしく聞きたい。糸繭商人は、出来上がった糸を褒めて良い値をつけると、あとは要領よく彼女の質問に答えてくれる。聞きたいこと、困ったことは何でも相談に乗ってくれる。この商人は頼れる人だった。次に来るときは、富岡製糸場の募集やら規則の資料なども用意して伝えてくれる。この知識が彼女の日常をどんなに豊かにしたか、家計のためとはいえ家内に引きこもって糸を引くばかりの身にとって、外の世界を知る唯一の手段だった。

豊橋地方の製糸業

　愛知県の東南部、静岡との県境に近い豊橋市は旧三河国であり、隣の遠江国と一体に三遠地方とも呼ばれる。徳川幕府の世が終わり、新政府が発足すると、上州と同様に武士の殖産興業としての養蚕や製糸が勧められた。それまで特産物であった三河木綿が輸入の綿糸に押されて衰退したころで、開港以来大きく輸出が伸びている生糸に目を向け、これの振興を図ろうとしたものである。

　二川の細谷、寺沢、表浜の農民たちは、海岸地方の暴風による塩害に、また痩せた畑での不作に苦しんでいた。こうした村を振興させるため、政府の勧める殖産事業は三遠地方でも積極的に進められた。

　二川下細谷の前田伝次郎は諏訪、富岡、二本松など先進地の視察に出かけ、その見聞を地元有力者に伝えている。二川細谷の名主、朝倉仁右衛門は同

志と諮って、豊橋の本町に座繰りの製糸工場を始めた。ただしこれは成功しなかった。また赤心組という養蚕組合をつくり、信州などの視察をしている。明治12年には13人の伝習生を富岡製糸場に送り、3年後に彼らが帰郷した後は、細谷村にすでに操業していた50人繰りの器械製糸場の指導者とした。この工場は最初水車の動力で操業したが、明治16年には蒸気汽缶（ボイラー）となった。これが細谷製糸で、東海地方では最初の蒸気汽缶を使った最新式の製糸であった。この地には他に前田製糸、大林製糸に続いて数軒の工場ができ、小渕しちの工場とともにこれが豊橋の製糸の発展の基礎となった。

　小渕しちが二川宿（豊橋市）の橋本屋に宿ったのは明治12年、この地の製糸業を振興させようと努力が続けられている最中であった。彼女がここに来て座繰りの技を向上させ、玉糸の製糸技術を開発し、それがこの地に広まっていったのだった。

　当時生糸はすでに（上州などから）輸出されていたし、玉糸も明治35年から輸出の記録が見える。その後国内需要が増えたため、輸出は減っていくが、玉糸の生産量はどんどん増えている。玉糸の内地での販路は前橋や足利が特に多い。節のある玉糸は生糸より安いから、独特の織物となって織物業者や消費者からも喜ばれた。足利では銘仙に、前橋では撚糸（業）として販路が広がった。

　豊橋は「玉糸製糸の町」として全国的に知られるようになった。

第2章　小渕しちの生涯

誕生から出奔まで

　弘化4年（1847）10月2日、上野国勢多郡石井村（現前橋市富士見町石井）に小渕徳右衛門、たつの次女としてしちは誕生する（戸籍名では旧漢字、小淵志ち）。同家にはすでに長女ひなが生まれていた。しちは活発で物分かりの良い子であった。7歳の時、近くの珊瑚寺で開かれていた寺子屋に入門させられた。裕福とは言えない暮らしながら、人並みの教育をつけさせたいと願う母親の考え、或いは祖父母の意見だったかもしれない。しちも寺子屋は嫌ではなかった。近所の遊び仲間や餓鬼大将までが真剣な顔で師匠の話を聞く姿を初めて見た。勉強というのは面白いことらしいと思った。

　しかし、しちは寺子屋へはそれきり行っていない。勉強は嫌ではないけれど、いますぐの役には立たない。それより母を手伝うほうがもっと大事と思えたから。それに反対する人も無かったから…。彼女の母親は、当時の農村女性が皆そうであったように、昼は野良に出て、帰るとすぐ土間の隅にある座繰り器に向かい、糸引きを始めるのだった。幼いしちはその傍らで焚き火をくべるのを手伝いながら母の糸引きの様子を一心に見ていた。

　9歳（安政3年）頃から、母はしちの手をとって糸繰りを教えた。それまで自分もやりたくてうずうずしていたしちは、物覚えがよく、手先が器用なこともあって、たちまち座繰りが上達していった。父親はしちの引いた糸を前橋の市場に持っていって売り、くず繭を仕入れてきた。それは生

活費になり、時には酒代になった。しちは自分が暮らしの役に立っていることが満足であった。

　15歳（文久2年）のしちは製糸工場の住み込み女工となった。前橋細ケ沢町、蔦屋三次経営の蔦屋製糸である。1年契約で給金は2両、これが当時の普通賃金であったという。彼女は持ち前の負けず嫌いの気性と、家での座繰り経験とを生かして、数十人の女工の中でも抜群の成績を上げた。蔦屋製糸に在職中には、糸繰り技術のほかに、主人の繭の仕入れ方、糸を売るときの駆け引きなども見て覚え、商売のイロハも身に付けている。

　翌年16歳で退職を願い出る。蔦屋の主人はそれをたいへん惜しんで、次の契約金を倍にするからと引き留めたが、しちの決心は固く、家に戻って独立、座繰り業を始めたのであった。

　17歳（文久4年）で結婚。姉はすでに嫁いでいて、妹のしちが近村から婿を迎えた。しかし夫は農業より狩猟を好み、赤城山で鳥や獣を追いかける毎日であった。獲物を売った金で酒を飲んだり、賭博をしたり、時にはしちの稼ぎを当てにして金をせびり、断ると暴力を振るったりもした。結婚して3年の間にしちは4回の流産をした。夫の暴力がその原因であった。それを見かねて彼女を庇う父親に対してまでも及んだという。しちはひたすらそれに耐えて糸を引くことにより、生活を支え、家を守る毎日であった。

　20歳（慶応3年）、5度目の出産でしちは女の子を授かった。よねと名をつけたが、この子は生まれたときから目が弱く、さらに2歳の時に眼病にかかり、失明してしまった。

盲目の娘よねと老いた両親を抱え、しちは懸命に働いた。さいわい両親は畑仕事を続けてくれる。座繰りに専念するしちは少しでも良質の糸を、少しでも多くの糸をと必死であった。糸引きは女として当然のこと、苦しいとは思わない。座繰り器に向かっている時はむしろ楽しくてたまらない。しかし夫は相変わらず荒んだ生活を続けており、彼女が糸の売上金を貯えたいとの願いはいつまでも叶いそうもなかった。

　32歳（明治12年）、しちの苦悩の日々は続いていた。働いても働いても生活は楽にならない。座繰りも単なる賃引きではなく、その糸質を向上させ、自分の裁量で繭の仕入れや売り先を決める、言わば経営者となることだ。そんな夢を叶える道はないものか。あれこれ考えた揚げ句、何度か家出を試みたが、それも失敗に終わった。夫に感づかれ、追いかけられて連れ戻されたのである。

　このままで一生を終わりたくはないと、しちは自立の道を探り、懇意な糸繭商人、中島伊勢松に打ち明け相談した。糸繭商人は自己資産を持ち、広域に地方を回って座繰りで引いた糸や、屑繭などを買い取る。値段の交渉によっては上繭も買う。正式の出荷所へ出す繭の一部を取り分けて糸繭商人に売り、当座に必要な現金にしたり、主婦のへそくりにしたりする。そして座繰りに必要な繭を求めている人に売ることもする。そのため遠地にも出かけ、多くの情報を集めている。

　繭が取れる季節が来ると、糸繭商人は入れ代わり立ち代わり何人もが訪れるが、中でもしちは中島伊勢松という人物と気が合って、この人になら

心が通じるかもしれないと、ひそかに見込んでいた。しちは伊勢松のその博識さ、誠実さ、親切心に頼っていた。伊勢松も、しちの座繰りの技と、普段の働きぶりに魅かれていたものと思われる。なによりもその前向きな生き方に共鳴したのであろう。しちに思いを打ち明けられ、悩みに悩んだ末、遂に思い切って2人での出奔を決意したのだった。

　この事実が村内に広まると、2人の心の内を知るよしもない世間では、「駆け落ち」などという噂が飛び交い、残された両家はひどく傷ついた。身内や近所の間でも、陰での内緒話はともかく、表向きにはそのことに触れないようにしていたらしい。当のしちはもちろん、世間の噂のこと、家族のこと、特に盲目の娘よねのことなどに多く心を残していた。しかし、伊勢松の後押しがあってようやく覚悟を決めたこと。前途の当てもない不安は大きいが、今までのように自分を殺して生きるより、なんとか自分を生かして生きる途をと考えてのことであった。

　中島伊勢松は同じ村内の旧家に婿養子に入った身である。家には妻も子もいて、自分だけの勝手な考えを許されるはずもなかった。人目を気にしながら、しちのために、そして志を共有して生きるために心を決めて、あらかじめ約束しておいた場所へと向かったのだった。

　明治12年3月24日、小渕しち32歳、中島伊勢松は41歳だった。このとき伊勢松を改め、今後は徳次郎と名乗ることを決めた。

豊橋で製糸業を始める

　故郷を出たしちと徳次郎は、人に尋ねられれば「お伊勢参り」ということで歩みを進め、道々働き口や落ち着き先を探しながら、遠州（静岡県）黒滝村中瀬にやってきた。ここで10日ほど蚕の上蔟を手伝い、次は渥美半島の田原町（現田原市）に繭があると知り、田原に向かう途中で二川の橋本屋に宿をとった。宿の主人は2人が上州の出身と聞き、製糸のことを尋ねた。しちが糸のことをいろいろとよく知っているのに驚いた主人は、養蚕や製糸の仲間3人を集め、なお詳しく話を聞くことにした。そのうちの1人、山本周作が田原の事情に詳しかったので、しちたちを案内して行き、田原の尾張屋に滞在した。

　しちはそこで付近の繭を買い集め、工女4人を雇って教えながら、座繰りをやって見せた。座繰り器は2台あったが足りないので、地元の大工に頼んで3台を作ってもらった。それはこの辺りの三州式座繰り器とは大分違う上州式で、しちの手真似や、覚束ない絵図面を頼りに作ったので1ヵ月余りもかかったという。

　その後間もなく（明治12年）、田原の地にコレラが流行した。しちたちは他所者ということで町から立ち退きを迫られ、しばらくこの地を離れた。やがて流行が収まったので田原へ戻ろうとしたところ、二川町から是非来てほしいと説得されて町に迎えられ、山本ら繭の仲介人3人の世話で工女10人を雇い、自ら操糸法を教えながら製糸業を始めたのであった。これが後の糸徳製糸という大工場に発展するのである。

3月に故郷を出てから半年余り、秋も10月に入っていた。

工場の移転

　しちと徳次郎の努力で製糸工場はスタートしたが、それはいつも順調というわけにはいかなかった。まずは繭が足りない。この地方では養蚕が盛んになってからまだ間もないので生産量はそう多くない。しちが近辺の繭を集められるだけ集めても、金額にして僅か200円分、しちの10人の工場でも3カ月後には原料不足で止むなく休業状態となる。しちは徳次郎と共に、かねての念願だった伊勢参りに出かけ、ついでに方々の場所を視察して見聞を広めている。これがしちの積極性であろう。

　二川の町に落ち着いたしちたちは、借りていた蚕室だけでは狭いので、更に場所を増やし、新しくその年の春蚕の繭が出回る時期を待った。繭は徳次郎やしちが買い出しに行くだけでなく、この地方の慣れた仲買人の手を経て買い集めることも多い。時には採算の取れない高い繭を買わされることもあったが、製糸の技はだんだんと向上していた。そこではまた、せっかく座繰りの技術を教えて養成した工女を、他の業者から引き抜かれることもしばしばであった。従来の製糸業者からも、新しく製糸を始めようとする業者からも、しちの製糸技術は注目されていたから、やがてそれは羨望や嫉妬にもなっていった。しかし、しちは決してそれにめげることはなかった。

　翌年（明治13年）には、山本喜一方の裏長屋を借りて移り、工女25人

を雇って再び製糸を始める。翌々年にはなお事業に条件の良い場所を求めて野口長五郎方に移転し、工女を36人とする。2年ほど経ち、しちの事業がやや安定した頃（明治17年）、二川地方に伝染病のコレラが流行し、大勢の死者が出た。役所では住民の戸籍を調べ、無籍者を厳しく取り締まった。故郷を出奔して戸籍を持たないしちと徳次郎は困り果て、近くの大岩寺の住職に頼み込んで偽りの戸籍を作ってもらった。住職二村洞恩の義侠心、同情心に縋ったものと思われる。このことが発覚し、住職としち、徳次郎の3人は警察に捕えられる。しちは無罪となったが、徳次郎と住職は罪を問われ、岡崎の監獄に入れられた。恩を受けた住職のことは勿論だが、力を合わせ支え合ってきた徳次郎の投獄に、しちの落胆は大きかった。

　徳次郎はこの年46歳。故郷にいればもっと安楽な暮らしがあったはず、残してきたものへの思いは人一倍強かったであろう。しちのために、進んでこの生き方を選んだことを、後悔してはいないのだろうか。自分のことを犠牲にしてまで、しちの生き方を認め、しちを支えたことは、徳次郎もそのように生きてみたかったということであろうか。

　明治18年（しち38歳）、大岩の万屋に家を借りて移転する。この後、ここで約10年を過ごすことになる。

　岡崎刑務所に入獄中の徳次郎に面会に行ったしちは、かえって徳次郎から励まされて帰り、前よりなお一層真剣に工場を守り、糸を引くことに打ち込んだ。原料の繭が足りなくなることを予測した徳次郎は、玉繭を使って糸を引くことを新たに提案し、それを受けてしちはその試みに挑戦した。

以後来る日も来る日も、獄中の徳次郎に面会に行く時間さえ惜しんで糸繰りに没頭した。

玉糸のこと

　普通繭といえば本繭（精繭）のこと。糸がよくほぐれ優秀な糸ができる。これがいわゆる生糸である。「玉繭」というのは、蚕が2匹一緒で1つの繭を作る。従って糸をほぐすのが難しい。繭から引いた糸は、2本が絡み合うため太く、節があって値段も安い。これを「玉糸」といっている。（玉繭は蚕が繭を作る際20%程度発生するといわれる）

　群馬の繭は質が良かったので玉繭も引き易かったが、豊橋地方では不揃いな玉繭が多く、糸を引き出す苦労が多かったらしい。しちは座繰り器を改良したり、繭の煮方を研究したり、糸口を取り出す帚を工夫したりと、長い間苦労を重ねてようやく玉糸の製糸法を確立したのである。

　玉糸は節糸ともよばれ、節織りや銘仙などに用いる。できた製品は八王子、京都、福井地方へと取り引きが広がっている。

　前橋や伊勢崎、足利へもその糸が来ていたという。太織、紬、銘仙といった普段着になるもので、主に家内工業の手機織り(てばたお)の糸として使われた。

玉糸製糸が軌道にのる

　玉繭から糸を取り出す技は今まで何人かが試しているがまだ誰もうまくいっていない。しちは寝る間も惜しんで工夫に工夫を重ねる日々であった

が、徳次郎はその成功を見ることなく、2年後（明治19年）、岡崎刑務所の獄中で帰らぬ人となった。

　大岩寺の住職、二村洞恩和尚もしちと徳次郎に同情し、戸籍を偽造したことで罪人となり、徳次郎と同時に投獄された。そして和尚は獄中で病にかかり、出獄は許されたものの病がさらに重くなり、間もなく亡くなってしまった。それを知った徳次郎は、和尚の死を悼み、その後を追うように獄中で食を断って亡くなった。

　徳次郎を失ったしちの嘆きは深かったが、ただ嘆いてばかりいる暇はない。明治16年に入社した後藤次郎蔵が、会計、事務を担当し、徳次郎の仕事の一部を任せてきたが、明治32年、これを支配人とした。この後藤次郎蔵が、後々まで相談者としても、保護者としても力を尽くしている。

　しちはそれまで無名であった工場に徳次郎の一字を入れて「糸徳製糸工場」とし、改めて看板を掲げたのであった。明治22年2月17日、故郷ではしちの父が死亡。同年10月26日には母が82歳で亡くなっている。

　しちは玉繭から糸を取る方法を長い間探っていたが遂にそれに成功した。そして明治25年、今までの生糸製糸業から玉糸専業に転換をした。糸徳工場だけではなく、周辺の工場でも玉糸製糸を始めてはいたが、いずれも小規模のため粗製品が多かった。そこで、なお改良、研究を重ねて、だんだんと諸方の機業地（浜松地方や八王子など）にも玉糸が使用されるようになっていった。

第3章　小渕しちの晩年

義一を養子とする

　明治30年（50歳）、玉糸製糸が軌道にのることで、生産量も増加してきた。豊橋市内、東郷に200余坪の敷地を取得、工場を建てて移転する。

　明治32年（52歳）、後藤次郎蔵の甥、嘉吉が入社。それまでの炭火燃料を廃し、汽缶（ボイラー）を据え付ける。当時としてはたいへん思い切った転換で、繰糸が家庭工業の域から脱するきっかけともなった。

　海外輸出が始まり、原料、燃料の共同購入や製品の共同販売などを行う必要から、三遠地方製糸業者69名で同業組合を組織（菊水社）する。東三（東三河）の玉糸がロシアへ輸出される。釜数は次第に増加し、41年頃は216釜、生産高は500梱となる。

　明治43年しちが63歳の時、小渕義一を正式に養子とする。義一はこれまでもしちをよく扶けて、糸徳工場のために働いて来た。

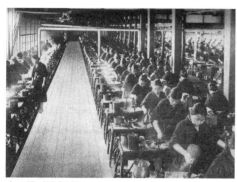

本工場（繰糸場）

　義一が立派な経営者となってからも、しちの厳しく温かい経営方針は受け継がれた。工場の女工たちの起床は5時、終業6時、11時間労働、賃金は出来高制、などの決まりが実施され、賞罰もきちんと守

られた。小学校を出たばかりで寄宿舎に入ってくる女工たちは読み、書き、算盤、裁縫、生け花、作法なども教えられ、みな快く働いた。

富岡製糸場の工女寄宿制度

　製糸工場が大きくなり、工員数が増えてゆくと、それを管理するための方策が必要となる。人数や年数ははっきりしないが、糸徳工場もそれにふさわしい決まり事ができ、その方針に沿って設備なども整えられていったと思われる。その根拠には手本として「富岡製糸場」があったのではないか。富岡製糸場は、官営として政府が建てたものである。生糸の需要を見越して、洋式製糸技術を導入、それを習得する工女を養成することを目的としていた。そしてこれを模範とし各地に製糸工場を設立させることであったという。

糸徳製糸場の工女募集ポスター
（昭和3年）

◎日本の交易で生糸に優れるものはない。そのため政府は模範工場を設置した。
◎製糸の新技術習得後の工女は国元に戻り指導者になることを期待する。

などとその目的には書かれている。

富岡製糸場のことは当時全国に注目されていたようだ。豊橋からも明治12年に13人が研修に行き、技術や規則を身に付けて帰っているし、その後の様子も折々に伝わっていて、当然小渕義一の耳にも入っていたと思われる。富岡では当初、募集に応じて入った工女が、工場の取り締まり制度などが予想外に厳しく思えて、早期退場者が多く出たらしい。規律や規則を重んじた理由は、全国各地から集まる多くの若い女工たちに、洋式の製糸技術を早く習得させること、多勢のために不秩序に陥りやすい傾向を防ぐこと、さらに官営という立場から、若い女子の生活全般を固く守ることといった意識が働いた、ということであろう。模範というからには、精神的なものも含めて「婦道に背くような所業がないように」との意も入っているのであろう。
　富岡の「工女寄宿所規則」には次のような項が見られる。

一、工女12人を一組とし、組ごとに部屋長を定める。
一、朝夕の人員検査あり。部屋ごとに正座をし、部屋長より名前を告げる。
一、日曜日以外は門外に出ることは許可しない。
一、門限は朝六つ時（6時）より夕六つ時（6時）限りとする。
一、外出の節は勿論、部屋内においても行動は静粛に、婦道に背く様な行動は一切禁止。
一、戯言、小歌、高声、肌脱ぎなどすべて非礼のないよう心得る。
一、身体、衣服は清潔に、ただし衣類の洗濯、髪洗いは日曜日に行なう。

一、病気などで出勤できないときは、部屋長より取締役へ届け出ること。
一、医師、按摩、呉服、小間物商、髪結人などは書類選考の上許可する。
　　尤も医師、按摩のほかは女性とする。

　当時とすればこれはかなり厳しい規則といえるのではないか。また上記の「工女寄宿所規則」によれば工女の任期は次のように定められていた。
　「工女本日より一カ年以上三年まで望み次第差し許し候事。但し期間中よんどころなき訳合之有、暇相願いたき者は身元並に邨(むら)役人証印事情巨細相認め申し出し候へば詮議の上、差し免し申すべく候、私事都合等の儀にては一切成らず」と期限途中での退場は原則として不可能であった。にもかかわらず明治５年に入った工女の中では66％もが１年未満で退場している。この早期退場の理由については「経営診断」(速水堅曹『六十五年日記』)の中で次のように述べられている。

　「十五歳前後の工女終日就業の間、沈黙勉強稍業を終わるは皆暮に及ぶ。毎日是の如し。門外に出んとすれば規則に縛せられ、雑談せんとすれば老女に叱責せられ、実に何の快楽なし。此故に相語りて曰く、我々かくの如き業を修練して何の用かある。嫁して後功をなすも期すべからず。又給金も到底余す能わずして、唯むなしく三年を経るとも実に無益ならん。最善誰某の説く所に違ふ、欺かれたりと云ふべし。断然親の病と称し去るべし…」
（後略）

まだ幼く、機械製糸に不慣れな少女たちは、初めての集団生活、就業規則の厳しさ、給料の少なさ（出来高制なので、熟練者に比べると非常に差がある）、世間に慣れてをおらず、目的意識が低い、などの要因が重なり、募集勧誘者に騙されたと思い込んで、「親の病と称し去るべし」と偽りの理由を述べて退場した者が多かったのだ。これは制度として見直すべきところであろう。糸徳工場の工女たちを快く働かせるためにも、考えさせられたと思われる。

糸徳工場に講堂を建てる

　糸徳工場では、富岡製糸場のこのような事情を知り、またしちの長年の願望もあって、富岡製糸場に負けないようなものを作ろうと思い決めていたのであろう。なお富岡製糸場にはフランスのボネ絹工場という手本があったようで、制度、設備、環境においても酷似している部分が多い。ボネが富岡製糸場のモデルとなっているのであろうか。そこでの余暇の教育制度や健康管理、レクリエーションなどが、よく似ているのと同様に、糸徳製糸場もこのやり方に類似した所があるのではないか。大正8年9月16日、大暴風雨に襲われ、第2工場250坪が倒壊した後、ただちに復旧し、240釜に増やした。翌年9月、第2工場の敷地内へ120坪の大講堂を建設した。

　しちは幼時、家の事情を考えて、寺子屋へ行かなかった。字は一字も知らない。算盤も習っていない。それ故なおさら工女たちに基礎的な学問や技術を学ばせてやりたかったのであろう。工場を拡張するに際して、学ぶ

ための講堂を建てたのも、後年、寄宿舎の一部を利用して幼稚園を開園したのもみな、しちの志の実現であったと思われる。

報われる日

　小渕しちは大正2年3月、大日本蚕糸会愛知支会より功労表彰を受ける。同支会品評会への出品が一等賞を受賞する。

　同11月15日、陸軍特別大演習御統監に際し、名古屋離宮にて大正天皇に拝謁する。これは女性としては初めてのことで、当時の知事が強力に推薦したといわれる。

　大正3年、大正博覧会へ出品。銅牌を受賞する。

　大正7年1月29日、本工場の一部が類焼したが直ちに復旧。同年3月には第二分工場を建て、大岩町停車場（現二川駅）前にて開業する。

　大正12年、76歳のしちは病で倒れ、心身の自由を失う。小康を得てか

大正天皇への拝謁者の記念写真。前列右端が豊田佐吉、その左が小渕しち（大正2年12月、知事官邸）

らは不自由な身でありながら、よく工場を見回って工女たちを励ましたという。

この年、玉糸が南洋、欧米、インド、エジプトへ輸出される。

大正14年、豊橋市東田町へ第三工場設立。敷地2,100坪、釜数は100個となる。

大正15年、3工場の釜数828個、男工100人、女工900人になる。

昭和3年11月、御大典につき地方賜饌を給う。

二川北部小学校に奉安庫を寄付する。昭和天皇御大典の日、糸徳工場地元の二川北部小学校で御真影及び勅語奉安庫の落成式が行われた。町会議員代表の鈴木關道の祝詞（文面略）としちの挨拶文書が残されている。奉安庫を寄付した動機や、協力者への感謝がのべられ、彼女の考えがよく現れているのでここに記す。（本文カタカナを平仮名に改めた）

挨拶

　御大典を行はせらるる今日の佳き日を卜し、茲に奉安庫落成の式を挙ぐるに当りまして、多数来賓並びに町民各位の御参列を得、盛大に行なふことを得ましたことは実に喜びに堪へぬ次第であります。

奉安庫は御覧の通り落成致しまして御採納下さいました事は誠に本懐に存じます。

奉安庫も良いのには際限がありませんが、私の予算に限りがありますので、皆さんの御満足を得る程度のものが出来ませなんだ事を遺憾に考え

ます。然るに只今感謝状並に記念品を戴き且つ意外の御褒めの詞に預かりましたことは、実に汗顔に堪へません。厚く御礼を申し上げる次第であります。

就きましては私が此の奉安庫を寄付するに至りました事に付て、一寸申し上げたいと思ひます。

私は明治十二年に上州から当地へ参りまして、以来一意専心蚕糸業に従事いたしました。其間丁度五十年になります、只今当時を追懐しますれば実に感慨無量であります。此間幾多の消長苦難を嘗め、また御迷惑をも掛けたことがあったでせうが、皆様の御援助によりまして、今日在る事を得ました事は深く感謝に堪えぬ次第であります。

回想致しますれば私も多年蚕糸業に微功ありし故を以て表彰せられましたことも数回、大正二年十一月には、先帝陛下が陸軍特別大演習御統監の砌、辱くも名古屋離宮に於て、拝謁の栄を賜り、身に余る光栄と存じます。

次に当校講堂には当町産業功労者の故を以て、私の肖像を掲げ、後進者に御示し下さる等、身に余る光栄と存じます。然るに今まで町自治並に、教育に貢献することが出来ませなんだことを遺憾に存じます。

私の希望としましては有為の人物養成の為めに、奨学資金を造りたいと思ひましたが、之れは尚力及ばず望みに止まって居ました。時たまたま御大典に際し、記念事業として奉安庫造築の議がありまして、校長先生及学務委員の方々と御相談申上ました処、直ちに御賛同を得ましたので、

茲に奉安庫を寄付することになったのであります。其後学校当局の方々は県当局の御意見やら各地方の奉安庫を視察の上、予算の関係なども考慮して設計の上、豊橋市兵藤組に工事を請負はしめ、其後充分なる工事監督の許に遂に竣工を見るに至りました。

御大典記念奉安庫

校長先生並びに学務委員諸氏の御苦労に対し、深く感謝致します。尚ほ工事請負なされた兵藤組が、私利を度外視して誠心誠意作業に当られたことを厚く御礼申上ます。

終りに臨みまして、今日の落成式に当り、糸徳社より投餅並に神酒を御祝いくださいましたことを御礼申上ます。皆さん折角御参列下さいましても、何の用意も致してありません。此点は不悪御許しを御願い致し、深くお詫び申上ます。

　　昭和三年十一月十日　　　　　　　　小渕　志ち

小渕しち逝去

　昭和4年3月16日、小渕しちは亡くなった。82歳の生涯だった。「満面に笑みをたたえ、眠るがごとく成仏された」と橋山徳市はその書『糸の町』に記している。告別式は糸徳工場の運動場広場に於て、関係者と大勢の市民によってしめやかに、盛大に執り行われた。

弔辞、追悼文の一部を記し、その人徳を偲ぶものとする。

しちの告別式

●群馬県玉糸製造同業組合長　奈良金太郎

粛啓

御老母様御逝去の愁報に接し、誠に驚愕仕候御一同様之御愁嘆深く深く御察し申上候、茲に本組合を代表し謹んで弔辞を呈し候　　頓首

昭和四年三月拾八日

●愛知県海部郡鍋田村　蟹江史郎

大母君御永眠の訃音に接し、愕然として悲痛の至り絶言語候、謹而御
　弔慰申上候　　頓首
　昭和四年三月十九日

●前橋市清王子町　奈良製糸所

粛啓

承り候得ば御老母様には、遂に御逝死遊候趣き、誠に驚入候、皆様の御愁傷さぞかしと存候謹而御悔み申上候　乍然御老母様御生前の御功績は、我か玉糸製糸界に燦たるもの有之、特に上州人として我等の敬慕し且つ私に誇と致居候次第に御座候遂に故人の列に入らせらるると雖も、其御

栄誉は永しえに輝くものと存知候　茲に謹み弔慰を表候　　　敬白

昭和四年三月十九日

●名古屋市中区南久屋町　神野金之助

拝啓御祖母様御儀、今般御病気御加養の甲斐なく、終に永眠被遊候、拝承驚愕仕、嚊々御一門御愁傷の御事と拝察致し、謹んで御哀悼申上候、就ては乍略儀御香資の印までに、別封御送届申上候条御霊前へ御供被下度先つは乍延引以書中御弔詞申述度如斯御座候　　　拝具

昭和四年三月二十日

●大日本蚕糸会愛知支会　従四位勲三等　小幡豊治

玉糸操糸法の創始者故小渕しち女の英霊に告ぐ刀自は本邦蚕糸業の先進地群馬県に生を享け夙に蚕糸業に志し常に玉糸処理の不完全なるを慨し、常に改良工風を怠らざりしが、会々伊勢参拝の途次当地に居を定め、玉糸操糸法の研鑽に尽瘁し、爾来身を捧げて其改善発達に貢献し、今や生産年額三千余万円に及ぶの隆盛を為すの根幹を築きたるは、実に刀自の献身的努力に負ふ所大なり。今や蚕糸業界益々多事ならんとする秋に際し、斯界の功労者として、渾身ただ事業界を思ふの熱誠に燃ゆるの刀自も、宿痾の為め人事を尽せる療養の甲斐もなく溘焉(こうえん)として長逝せらる、誠に本邦蚕糸界の損失にして轉た哀惜の至りに堪えず、聊か刀自の功績を追懐して弔辞となす。

昭和四年三月十九日

●二川町長　岡田堅哉

春風徐々に吹きて梅花南庭に薫るの時、本町製糸業の元祖たる小渕しち刀自の訃音に接し哀惜に堪へす　年々歳々花相同しと雖も、人相同しからす。青年は老い易く歳月は再ひ帰らす、刀自は弘化四年十月群馬県勢多郡富士見村石井の郷に生れ郷里および前橋市に於て製糸業に従事し、明治十二年本町に来り製糸業を開始し操糸工女の養成に努力し。明治二十五年より玉糸製糸を操業し専心万苦以て今日の玉糸製糸をして社会に誇るに至らしめたる其功労や、実に偉大なるものあり。嗚呼斯る製糸業界の一大恩人を失ふは本町の一大損失にして痛惜断腸の思ひあり。聊か蕪辞を陳へ謹んて、茲に弔慰を表す。

昭和四年三月十九日

●二川北部尋常高等小学校長　河合和喜治

花開かんとすれば風雨之を傷ひ月圓からんとすれば暗雲之を遮る、暗雲風雨是れ何の情ぞ、然りと雖も風雨に傷ふ花も猶開く時あり、黒雲に覆はるる月も再び圓かなるを看るを得べし。人生一度去らば再び還るの時なし、嗚呼悲しい哉

小渕しち刀自病に襲われて不帰の客とならる、嗚呼悼しい哉

顧ふに君明治十二年群馬県より来りて製糸の業を開始せられ、爾来茲に五十ケ年、桔据黽勉郷土並に国家産業の開発に努め、国利民服を増進し其の功績甚だ大なるものあり。

尚客年十一月御大典を行はせらるるに当り、御真影奉護を完からしめんとして、奉安殿一棟を建設し小学校に寄付せらる。忠君愛国の念厚く郷

党の敬重して止まざりし処なりしに、高齢に加ふるに病を得、ついに白玉楼中の人とならる洎に哀惜の情に堪へざるなり。然りと雖も君の功績は長く郷党の胸憶に存し、其芳名は赫々として、千秋に朽ちざるべし。君亦以て瞑すべし、在天の霊尚（ひさし）くは来りて饗（う）けよ。

昭和四年三月十九日

●その他氏名のみにて文章を略す

○二川町大岩区長　野口丈太郎　　○関口商店　関口甚作

○計理士　鈴木萬蔵　　○糸徳本工場代表　伊達猪之吉

○第二工場代表　山本兵次　　○碧海郡大浜町　石川八重次

○名古屋市東区松山町鈴木バイオリン工場　鈴木政吉

○東京府荏原町小山　鈴木誠治　　○東京市外上戸塚　宮沢説成

○東京芝協調会　増田作太郎　　○豊橋市松葉町　神野三郎

第4章　小渕しちの遺したもの

風土、環境、時代の影響を生かして

　小渕しちは、逆境を自らの力で抜け出し、目指すものに向かって突き進むという生き方を貫いた人であった。当時（江戸末期頃）の農村の女性はみな働くことを当然としていた。幼い頃から草取りなど畑仕事を手伝う者も多い。また母や祖母が座繰りの糸を引いていれば、それを始終見ている

子供も自然と覚えてゆく。母親が座繰りの糸引き賃を受け取るときの駆け引きなども見習ったことだろう。

　彼女は自分の意志で寺子屋へは行かなかったから文字も計算も教えられたことはない。しかし家庭の中で（特に母親から）いろいろと習い覚えたことも多いはず。蚕のことも、繭の売り買いや糸引き賃の駆け引きなども、本人の才覚次第で身に付くもの。上州の、農村の、養蚕地帯に生まれた女として、これは当たり前の暮らしであって、特に逆境であるとは誰も思わない。しかしながら彼女は上州人の特質である積極性、気っ風（きっぷ）の良さ、明けっ広げな性格などを持っていたことが、その生き方に大きく影響していたと思われる。

小渕しち（81歳）

　しちの不幸といえば結婚生活から始まったもの。夫が狩猟を好んで農業に手を貸さず、しちの稼ぎが生活費と酒代に消えていく。座繰り糸の売り上げ代金を貯えて、もっと良い糸を引くための資金を作りたいが、その夢は叶わない。普段の夫は優しいが、酒を飲むと人が変わったようになり、時には暴力も振るわれる。一生懸命糸を引いてもこの先暮らしが明るくなるとは考えられない。糸質の向上をめざすには、いっそこの家を出て独立したいと思い立っては、実行に移すのだが、夫に気付かれて連れ戻されること幾たびか…。ここで徳次郎のあと押しがあったこともあるが、敢然と自分

の思いを貫いたところが彼女の彼女らしさであろう。

　しちが製糸を志して豊橋に出たのは明治10年代、そして玉糸製糸を発展させていった大正時代、これは日本の資本主義の発展とも重なる。さらに質素、勤勉などの生活は、その時代や環境とも大きく関わっているだろう。

　もともと養蚕地の群馬県は豊橋地方に比べて製糸の技術が進んでいた。家内工業としての座繰りも盛んで機械の改良が進み、糸の質も高まっていたという環境もある。

　彼女はそうした風土に、環境に、時代にめぐまれ、それを生かしたことで、玉糸の製糸業の発展に大きく貢献し、その生を全うしたといえるであろう。

後継者　小渕義一

　小渕しちには故郷に残してきた盲目の一人娘、よねがおり、二川に落ち着いてから呼びよせ、婿を迎えたが2人の間には子供ができなかった。

　その頃しちは、姪（姉の子）が嫁いだ後藤儀平の長男、義一に自分の跡を継がせようと決めて、8歳の頃手元に引き取った。義一に商業高校を卒業させ、志願兵として1年間の軍隊生活も体験させたのち、後藤嘉吉に託して事業を見習わせた。しんと結婚した義一にも子供がなかったので養子辰丙を入籍し、義一の姪、しづを妻に迎えた。

　多くの経験を積んだ義一は、しちの精神を継ぎ、工場でも家庭でもしちを助けてよい経営者に育った。

　大正7年、第二工場開業と同時に合名会社の組織にした。社長は後藤嘉吉、

本工場はしちと義一、第二工場を柴田善太郎とする。

　大正5年、工場法の実施、12時間労働、同11年には改正で11時間労働となる（工場法【工場労働者の年齢、性別に応じて就業制限を設け、労働時間、深夜業などを規制してその保護を目的とした法律】明治44年公布、大正5年施行）。義一によって規則、設備も近代化され、作業台の改善、煮繭機の設置などができた。他にも経費の削減、能率の増進、工員の健康、教育、修養などにも心を配った。

　義一はまた糸徳工場の成績を上げるだけでなく、他のライバル社と競い合うことで豊橋の玉糸の発展につながると考えてもいた。講座を開き、修養に力を入れることで工女たちが精神的に向上していくことに期待していた面もあった。

　昭和4年、三遠玉糸製造同業組合の理事長から組合長を務め、最後は全国玉糸組合長も務めた。義一は糸徳製糸場を続けただけではなく、この業界の発展に貢献した人でもあった。

　昭和32年11月14日、義一が亡くなった。糸徳として続けていた製糸は廃業し、幼稚園経営に一本化することにしたのであった。

第三工場

製糸場から幼稚園へ

　昭和15年4月、糸徳の寄宿舎の一部を利用して糸徳幼稚園を開園した。小渕しちの生前の希望であった。47年12月、二川幼稚園と変更し、旧糸徳製糸の敷地に鉄筋2階建ての建物を建て、県内有数の幼稚園となった。義一の亡き後は養子辰丙がこれを継いだ。

　現在の二川幼稚園は、小渕益男園長（辰丙、しづの子）のもと、こども園の開園に向けて新園舎を建設中とのことである。

現在へ繋ぐもの　糸徳公益財団

　小渕しちの遺志を継ぐかたちで糸徳公益財団が設立される。彼女は玉糸による豊橋地方の発展を希い一筋に生きた。認められて玉糸展覧の光栄に浴し、さらに大正天皇の拝謁をも賜ったことに感泣し、これみな郷土の人々の援助、協力の結果として、その恩に報いたいとの悲願を抱いていた。

　志を継いだ義一によって、創業満61年となる昭和15年、この地の町民の要望が最も高かった幼稚園を設立した。

　それはさらに辰丙、益男へと継がれ、「小渕しちの悲願を成就すると共に、郷党に対する報恩の万分の一にも資したい」との趣旨により、公益財団設立の許可を願い出た。

　小渕辰丙の名にて昭和23年11月、文部大臣宛に出された申請書は、翌24年3月に許可されており、提示の許しを得て、ここに関係書類の必要部分を抜粋する。

糸徳公益財団設立許可申請書

今般民法第三十四条により糸徳公益財団を設立致したい故御許可ください ますよう別紙関係書類を添えて申請いたします。

　　昭和23年11月3日

　　愛知県渥美郡二川町大字大岩字東郷内百拾番地

　　糸徳公益財団設立者　　　小渕　辰丙

文部大臣　　下条　康磨殿

　　糸徳公益財団設立許可申請書類目録

第一号　糸徳公益財団設立許可申請書

第二号　糸徳公益財団設立趣意書

第三号　糸徳公益財団寄付行為

第四号　略

第五号　略

　　糸徳公益財団寄付行為

　　　第一章　総則

第一条　本法人は糸徳公益財団と称する

第二条　本法人の事務所を愛知県渥美郡二川町大字大岩字東郷内百十番地
　　　　に置く

第二章　目的及事業

第三条　本法人は学校教育法に基づき二川幼稚園を経営すると共に育英事業の一端として寮舎を設立、学生を援護し教育の振興に資することを以て目的とする

第四条　本法人が前条の目的を達するため左の事業を行う

　一　私立二川幼稚園の維持経営
　二　糸徳学生寮の維持経営
　三　その他必要と認める事項

第三章　以下カ

愛学五五号　（許可書）

財団法人　糸徳公益財団

設立者　小渕辰内

昭和二十三年十一月二十九日付で申請の財団法人糸徳公益財団設立のことは、民法第三十四条によって許可する

昭和二十四年三月二十六日

文部大臣　高瀬　荘太郎

「糸徳公益財団設立趣意書」

一、私の養祖母小淵しちは、明治12年32歳の時、群馬県勢多郡富士見村から当地に参り、地方有志に製糸法を説き、その強力援助によって自己考

案の座繰り器械を造り、生糸操糸の業を始めたのであります。更に明治25年には屑物整理に着眼して、遂に玉糸製糸専業に転じたのでありますが、これが東三地方の生糸製糸の元祖であります。かくして祖母は先駆者として苦難をなめながらもただこの一筋に生き、明治32年には他に率先して蒸気機関を設置し、大いに事業の面目を一新すると共に、玉糸集散地として全国第一の豊橋地方を築く原動力となったのであります。

二、文明開化の促進と産業の振興は当時の指導者の合い言葉でありましたが、祖母もまた富国の第一策として、斯業の発展に全生涯を傾けたのであります。幸にこの微意は人の認めるところとなり、明治44年、明治天皇名古屋行幸の際に、玉糸天覧の光栄に浴し、更に大正2年11月15日には、大正天皇が陸軍特別大演習御統監のため名古屋地方に御駐泊の際、実業功労者として名古屋離宮に於て謁を賜い、その功労を嘉せられ、御菓子を賜る光栄に浴したのであります。

三、祖母はつねにこれらの光栄に感泣すると共に、無学不徳の身に余る光栄はみな郷土の人々の援助協力の結果と肝に銘じ、感謝していたのであります。そして如何にもしてこの恩に報いる感謝を表現したいとあれこれ考慮しつつも昭和4年3月16日八十三歳で没し、その素志は生前遂に実現を見るに至らなかったのであります。不肖これが経営を継ぎました者の資力尚薄弱、祖母の悲願は常に念頭を離れないのでありますが、着手の機を得られなかったのでありました。ところが昭和15年に至り創業満61年を迎えました折、時あたかも皇紀2600年の意義ある年に際会し、この時にこそと当時この地

に於て町民の最も要望しておりました幼稚園を設立いたしたのであります。幸に本県知事の許可を得、私立二川幼稚園として発足し、町内唯一の保育場としていささかお役に立っている次第で在ります。

四、然しながら今日に至りましては、財的基礎は甚だ不充分で、内容の充実と将来の発展をはかるためには更にこれが拡充強化をいたさねばなりません。更にまた大志を抱いて上京しても宿舎に乏しく困窮している学生に、快適な寮舎を与え、これが補導をなすことこそ育英に心を寄せるものの現下第一になすべき事業であると確信し、ここに糸徳公益財団を設立し、祖母の悲願を成就すると共に、郷党に対する報恩の万一に資したい所以であります。勿論資力薄弱の故に近きより遠きに及ぼす理を以て、これら育英の事業は当地方並に祖母出生地たる群馬県富士見村出身者に限る方針であります。

以上微意の存するところをおくみとりくださいまして御許可賜はりますよう懇願申し上げる次第であります。

　　　「糸徳学生寮事業計画」　　　小淵辰丙
　　　　　昭和二十三年度
開設第一年の計画は次の通りとする
一、当財団法人許可後直ちに常盤達氏寮地及び寮舎を譲り受け登記をする（契約書は別紙の通り）
二、当面の問題として寮長一名寮母一名女中一名を雇い入れる
三、学生は現在上京中のものを目標として二川町及富士見村出身者中の入

寮希望者を約三十名収容してこれが一切の世話に当り援護することとする

四、賄費を始め寮費は別紙予約書に計上したが毎月実費計算をして出来得る限りの便宜を計ることに努める

五、寮生の家庭との連絡を密にして当財団設立の目的達成のため尽瘁する

六、寮生募集については二川町長富士見村長と連絡援助を受けて適正を期することとする

以上

第5章　小渕しちの銅像建立

糸徳会のこと

　糸徳製糸場の小渕しち、その後を継いだ小渕義一、辰丙ら一族から受けた恩を忘れないためにと、義一の身近でずっと働いてきた橋山徳市が中心となって糸徳会という会をつくった。大正10年より昭和32年に糸徳製糸が廃業するまでの間に、二川町糸徳製糸本工場に勤めていた者たちが120人ほど、毎年二川幼稚園の講堂に集まって、懇親の楽しい一夜を過ごす集まりだ。この集いが昭和40年から61年まで休むことなく22回続いたという。また8月の盆の日には、6〜70人の者が揃って墓参りをしていた。しかしこの会に出席する者、世話する者も高齢となりやむなく幕を閉じたといわれる。

銅像建立計画から再建まで

　小渕しちを敬慕する人たちから、彼女の功績を後世に遺すために銅像を建てたいとの声があがった。それは糸徳会の人たちを中心に、多くの人々の賛同を得て没後1年、昭和5年3月の命日を前に、三遠玉糸製造同業組合により岩屋山麓に立派な銅像が建てられた。（この敷地は大岩寺の寺領であった）

　しかし太平洋戦争の最中、弾丸の材料として銅像も供出することとなり、同地の岩屋観音の像と共に台座ばかりが残され、その周辺を糸徳会の人たちが手入れして、42年間守り続けてきた。

　昭和61年11月、糸徳製糸の旧従業員である糸徳会の会員、そして多くの関係者の尽力によって銅像は再建された。残っていた台座の上に高さ150センチ、体積は人間の7.5倍ほどの座像が出来上がった。再建を呼びかけられた人々はみな快く応じ、寄付も集まった。敷地は以前は寺領であったが現在は市の岩屋公園となっている。

　同年11月16日、二川町長をはじめとして160人が参列して盛大な除幕式が行われたのであった。

再建された小渕しち銅像と筆者

第6章　小渕しちを支えた人々

　しちは自分の意志を曲げることなくまっすぐに生きたが、決して頑なではなかった。徳次郎というよき理解者の愛情に包まれ、三河の人たちの協力を得て、製糸工場を始めてからは工女たちからも慕われた。信頼のおける後継者もできた。玉糸製糸業界に大きく貢献したとして顕彰されるまでになったのには、数え切れないほどの人の協力があった。その中から特に2人の人物を挙げておきたい。

徳次郎
　中島伊勢松はしちの仕事に関しても、生きることに関しても協力者であった。しちと共に村を出る時、その名を徳次郎と改めている。以下本文では徳次郎とする。
　徳次郎は天保9（1838）年生〜明治19（1886）年2月17日没（中島家の記録では2月13日となっている）。中島家分家の3代目勘造に見込まれ、養子として4代目を継いだ。なおその妻も養女であり、夫婦養子となる（現当主は9代目）。家には資産があり、当人は糸繭商を営む。糸繭商人は教養のある人が多く、広い世間を渡り歩いてその才覚を発揮する。徳次郎にしても現在の生活に不満があるわけではない、しかしなお別な世界で、己を生かす機会があるかもしれない。自分が居なくなっても妻子は食うに困らないだけのものはある。ここで長い間自立を望みながら耐えてきたしちを

助けてやりたい。彼女への"愛"という思いも深まっていたであろう。故郷を出るに当たり、何もかも捨てて新しく出直す思いで、中島伊勢松を徳次郎と改めての出発であったのだ。

　豊橋に落ち着いた後、徳次郎はしちの良き理解者として、原料繭の買い付けから従業員の募集、工場の経営にも力を尽くした。糸繭商としての経験や、人付き合いの良さも役に立ったことと思われる。糸質の改良が思うように進まなくて、しちが失意に沈

徳次郎追悼の句碑

むとき、また故郷に残してきた家族や娘のことを思って悩むときには、何にも増して徳次郎の存在が重要であった。徳次郎無くしてはしちの成功は有り得なかったともいえよう。

　徳次郎は戸籍のことも含めて、なにかと大岩寺の洞恩和尚に相談に乗ってもらい、助言を受けている。そのやりとりの中で、和尚に学識を見込まれ、大岩寺で開かれていた寺子屋の子供らの指導を頼まれる。徳次郎の故郷、富士見村中島家の本家でも当時、寺子屋を開いていた。この辺りはもともと養蚕や座繰り業が盛んであったから、繭や糸の売買をするために、識字

率が高く、読み書き算盤は必須であった。従って寺子屋も幾つもあって、各地にその存在が知られている。

　明治の老農の1人である船津伝次平も当時、九十九庵（つくもあん）という寺子屋で子弟たちを教育した。その父利平の時代、天保9（1838）年から明治5（1872）年まで総計150人ほどがそこで教育を受けている。この九十九庵の弟子たちの中には、卒業後自宅で寺子屋を開いたものもある。近辺在住の寺子屋師匠たちも、船津伝次平の進んだ教育には大きな影響を受けている。中島本家の伝平もその1人であったろう。

　中島伝平は文政8（1825）年生まれ。星野七左衛門（書家、糸成と号す）に学んで、文久年間（1861～1864年）から明治6年、小学校が開設されるまでの間、寺子屋を開いていた。徳次郎は直接か、伝平を通してかは不明だが船津伝次平の教えをよく身に付けていたようだ（大岩寺の洞恩和尚とのやりとりの中にもそのことが分かる）。なお中島家墓地には筆子によって建てられた伝平の筆塚がある。

　豊橋市では近年、洞恩和尚の書き残した文章によって、徳次郎の人柄やその誠実さ、優しさが知られてきた。徳次郎は獄中にあっても常にしちのことを案じ、面会に行ったしちに経営の方針を語ったり、製糸原料の繭不足を見越して、玉繭からの製糸を提案している。徳次郎の勧めによって、しちは玉繭から糸を取り出すことをやってみようと、その研究に夜も昼も

打ち込んだ。挫けそうになるしちは、面会の度に徳次郎に励まされて帰ってきた。そしてさらに工夫を重ねて遂にそれに成功したのは、徳次郎亡き後のことであった。

　小渕しちを顕彰するとともに徳次郎をたたえようとする動きも始まっている。市民でつくる町づくり団体「ここのつの会」では徳次郎の命日2月17日に、岩屋観音の鐘撞堂で鐘を撞いてその供養をする。またその近くに供養の心を刻んだ句碑が建てられた。徳次郎の墓は大岩寺の墓地にしちと並んでいる。

洞恩和尚（しちと徳次郎に戸籍を作ってくれた、岩屋山大岩寺の住職）

　江戸時代、東海道を行き交う人々が道中の無事を祈って、その信仰を集めたのが二川宿の岩屋観音である。庶民の観音巡礼や大名の参勤交代の時にも多くの参詣者があり、その奉納品、寄進物なども多数寺に残されて文化財として保存されている。

　代々の大岩寺住職は、この観音堂の奉仕を主として、地域の人たちに仏の教えを説いてきた。洞恩和尚もしちや徳次郎が困っているのを捨てておけず、仏の心また義侠心から戸籍を偽造して、その罪に問われたまま病死した。大岩寺でも長い間、和尚は罪人としての扱いで、墓も立てられなかったという。平成17（2005）年12月、洞恩和尚の120年忌に当たり、和尚を偲ぶ法要が営まれた。和尚が遺した文書により、さきの徳次郎の業績も判明した。

この大岩寺では、幕末より寺子屋が開設されている。門前には菅原道真公を祀る筆天神の祠が建っており、つねに3〜40人の子弟を教育していたという。徳次郎が悩みや相談事に訪れたのも、この頃のことであろう。

　しちと徳次郎は岩屋山麓のこの大岩寺墓地に葬られている。同地は小渕家の墓地として、跡継ぎの義一夫婦や娘のよね夫婦の墓もある。また大岩寺内の位牌堂にはしちと徳次郎の位牌が祀られ、現住職の厚い供養を受けている。

第7章　資料に見る小渕しち

富士見村誌、勢多郡誌
　『富士見村誌』　昭和29年11月23日
　　　　　群馬県勢多郡富士見村 富士見役場発行

第八章　先人の足跡　産業に尽くした人（文中抜粋）
　「無学の女性ながら、三遠地方を日本一の玉糸製糸地帯とした始祖として、その功績と伝記を愛知県渥美郡誌や大阪毎日・参陽・帝国蚕糸・青年・名古屋・大阪朝日等各新聞、あゆち・現代・主婦之友・キングその他各雑誌に登載され、代表的婦人成功者として知られた小淵しち女は…（経歴その他略）

以上は小淵しち刀自の生涯の一端を記したに過ぎないが、無一物から身を興し、女性の身でこの偉業をなし、地方産業の振興に貢献したことは、村の誇りであるばかりでなく、群馬の生んだ偉人として敬仰されている」

『勢多郡誌』 昭和33年3月30日　勢多郡誌編纂委員会発行
　郡誌編纂に当たり富士見村長より、大正15年8月、小渕義一宛に資料送付の依頼状が出されている。それに対して同年9月、直ちに小渕義一よりの回答があった。ただし勢多郡誌の発行は昭和33年3月30日となっている。

大正15年8月30日
　　　　　　　　　　　　富士見村長　金子金八
小淵義一殿
　勢多郡誌編纂に関する資料に付き依頼の件
標記の件に付き御祖母志ち様、現時の写真一葉並に工場全景女工の数一ケ年製造高輸出先古時より今日に至る、本人の履歴書等必要有之候条実に御手数の段恐入候得共大至急御送付願度此の段及御願候也

大正15年9月
　　　　　　　　　　　　三州二川町　小淵義一
富士見村長　金子金八殿
学第三九八号を以て、御照会相成候件左之通御回答申上候間然るべく御

取り計らひ下され度願上げ候也

　　　　　　　　履歴書

　　　　　　　　渥美郡二川町大字大岩字東郷内百十番地

　　　　　　　　　　平民　　小淵志ち

　　　　　　　　　　　　　　弘化四年十月二日生

（履歴略）

　　右の通り相違無之候也

　　大正十五年十月　　　日

　　現時

　　　本 工 場　　四八〇釜　　渥美郡二川町大字大岩

　　　第二工場　　二四八釜　　同

　　　第三工場　　一〇〇釜　　豊橋市東田町南蓮田

　　　　　　　　計　八二八釜

　　　職工数　　男工　一〇〇人

　　　　　　　　女工　九〇〇人

　　一ケ年玉糸製造高　　　　参万五阡貫

　　主なる需要地

　　　　内地　　秩父、八王子、前橋、伊勢崎、桐生、足利、飯能、名古屋、
　　　　　　　　米沢、鹿児島、大島等

　　　　海外　　米国、インド、エジプト、南洋、欧州等

名古屋新聞

三　河　版　（昭和二年十月二十六日）

おらが國さの名物

玉糸の卷（一）

　「吉田鹿の子と昔は云へど　今は玉糸日本一」
　と俗謠にまで唄はれて居る豐橋市の主要物産玉糸は「やはれ目出たや万歳ポンポン」とうすぎたない素袍の袖をかきすぼめて。町を流れ歩く三河萬歳と共に全國津々浦々に至るまで、知れ渡つて居る三州名物であるが、惜しいかな、本塲である東三地方の人々が。玉糸の價値たるを充分に知らないことである。たまたま他地方から玉糸の名物たる理由を、問はれて答ふに目を白黒する輩が少くないのは、お國自慢玉糸の爲めに、誠に遺憾千萬至極であることに、今秋尾三の平野に於て陸軍特別大演習が擧行され畏れ多くも、聖上陛下當地方に行幸遊ばされた砌、豐橋市よりの献上品は、玉絲を筆頭に、毛筆、ゆたかおこし、服部平之助氏栽培のブドウの四種目に内定された時に際して、少なく共重要物産であるのみならず。名物として全國的に覇を唱へて居る玉糸毛筆くらいの産額、價値ぐらいは常識として記憶し他地方人から問はれる迄もなく、進むで自慢話の一ツに加へて説明するのは、豐橋市民としての義務ではあるまいか。こゝに於て記者は、これらの價値を知つて貰ひたい爲めに、まづ、第一東三地方に於ける玉糸の發達振りを大つかみに記して見ようと思ふ

のである。

　　　　　　　◇

　いはゆる三州玉糸の特産地として古來からの本場である、上州をはるかに凌駕して居る、當地方が玉糸の年額はどの位に、達しているだらう？

　驚くなかれ、我國一と其聲明を、ほしいまゝにして居る長野縣諏訪湖畔に於ける、生糸業と相並んで我國製糸界の二大中心地として、内外あまねく知悉されて居るところである。もつと之にわかりやすく數字を以つて示さば——相場に浮沈のあるものだから、きつぱりいくらとは、云へないから、茲に最近の調査卽ち、昭和元年度末、現在の數字を掲げる——昭和元年度製産梱數は、四萬一千百三十三梱、價格千六百三十三万八千三百〇三圓で、産額は年を追つて増加の傾向であるから、玉糸が持つ素晴らしい勢力振りはこの一事を以ても窺ひ知り得るだらう——我等はひるがへつて考へる。

　玉糸がかゝる勢力を占むるに至つた最初の頃は、どんな有様を呈して居ただらう—興味深い問題である。

　　　　　　　◇

　渥美郡二川町大字大岩に山一糸徳製糸工場と稱し七百人取と云ふ大規模な、玉糸製造工場がある、この工場の創設者で、八十有餘の高齢ながら、今なほ、健在にある小淵志ちさんが此の地方に於ける玉糸の創業者で、斯業の爲めに、粉骨碎身大いに努力した。同業者等が、忘れることの出來得ない、大恩人なのである。志ちさんは、玉糸の本場上州生れである、

三十歳の頃伊勢參詣(さんけい)を思ひ立つて、ひとり旅、幾夜かの泊りを重ねて二川の宿へ到着し、とある旅宿に疲れの身体を休めながら、宿屋の者にこの地方の有様を聞いて居るうちに、話がだんだん、製絲の話となり、玉繭が相當に産出さるゝのにもかゝはらず、玉糸の製法を知らぬ爲め眞綿などに作り玉繭としての價値を、充分に發揮せしめて居ないのを、大いに遺憾(あくわん)として、當地方に於ける産業奬勵、一つには我身の爲めに伊勢參詣を、當分延引し宿屋の亭主に、玉糸製造に、經驗ある旨をつぶさに物語つて、家などを世話して貰ひ附近の婦女子等に、玉繭から玉糸の製法を傳授し始めたのが、今日兎や角と持てはやされるに至つた。玉糸製造のそもそも最初である。時は丁度、明治十五年頃の事であつた。

　しちさんは之が爲に明治四十二年三月二十八日玉糸檢査所開始並に組合事務所落成式の擧行される際銀杯一組を組合から、賜られて其の功勞を表彰された。

　　　同　（十月二十七日）
玉糸の卷（二）
　小淵志ちさんから、新しい繰糸法を教へられたのが東三製絲家の一大革命となり、業者の數次第に増加すると共に之迄は、自家用に極めて粗雜な玉糸を製造する程度に過ぎなかつたのが、技術も大いに進み、明治二十八年頃には汽罐汽機を据へつけて、大規模に製産する工場が、此處、

彼處に設置され、細筋の玉糸が製造される様になつて、販路も擴張され此の頃から、絹織物の特産地、越前、福井や、京都地方へ販出され需要增加の傾向を、もたらしたので、業者の意氣込は、いよいよ素晴しく好景氣に乗じて我も我もと大小の工場を、たてたものが相當の數に上つたが、當時の業者は御互に目前の小利に拘泥して粗製濫造に流れて居た爲め、日清戰役年後の明治三十三年には、戰爭當時の好景氣の、反動を受けて糸價いちじるしく暴落し、加へて粗製濫造を以て、玉糸の信用は、地に落ち、販路は、杜絕して製品の堆積を來したのみならず。金融が切迫して、遂に破產の不幸を見たもの十數餘に達し。他は全部同盟休業を斷行するの止むなきに至り、斯業將來が全く暗雲に閉ざゝれた形に陷つたので、業者も大いに考へる處あつて、改善策の第一歩として、同志の人々と相謀つて。萬難を排して、時代に適應した同業組合を、明治三十四年十月農商務大臣の認可を經て組織し、事務所を豐橋市東町二番戶に設置して、改良販路の擴張を計つたのであるが。此の組合設立を見る迄には、一方ならぬ困難であつたらしい。

　同業組合の必要なることを說き、之が取りまとめに東奔西走し、大いに盡力したのは、當時渥美郡二川町にあり、現在は豐橋市內花田松山に大工場を構へて居る大林宇吉氏であつた、此の頃は戰爭の打擊で業者が息青吐息の悲況狀態にあつた、折角として大林氏の提案にも、オイソレとは承知せず、なかには絕對反對を唱へる者も、少からず。同業組合設

立の法定數を容易に納め得る事が出來得そうもないので、大林氏は、隣接せる遠州方面へ足を延し、新居(あらゐ)、鷲津(わし)等に散在して要る四五の製糸家を訪問して説き伏せ漸く法定數だけの、贊成者を得たが、此の際遠州側より組合名に、遠州の遠の一字を加入すれば賛成するとの條件が附けられたが、組合設立を急ぐ場合として之を否みがたいので、承諾の上當局へ組合設立の申請をなし、認可になつたもので、東三地方で組合員の九割以上を占めて居る、今日尚組合名に、遠の一字が加へられて居ることは、その頃東三地方に於ける業者が大いに反對を持つたことを如實に物語つて居る證左である。明治四十二年十二月十二日此の功績に報ゆる爲め、組合は、大林氏に金杯一個を贈呈し表彰した。組合設立當時の組合員は約三十名であつた事を附記して置く。玉糸が海外へ輸出される樣になつたのは、組合設立後間もなく、ロシヤへ輸出されたのが最初で、此の時玉糸に團体商標として、我が大和魂を象徴化した、櫻花を記したのが、今日櫻印の最初である。以來生産種目の増加と共に商標を増加して、明年前迄は六等級迄の標商であつたのが、今日は十二等迄の商標がつけられ、其繁昌(はんぜう)振りを増すようになつた。

　一等金櫻、二等金楓、三等金孔雀(くぢやく)、四等金鳩(はと)、五等金雞、六等バラ、七等ツバメ、八等セミ、九等トンボ、十等テウ、十一等ギス、十二等ハチ

　同　（十月二十八日記事）

玉糸の卷（三）

　組合の沿革について記し始めると隨分長くなるから省略するが、一つ特筆太書して置きたきことがある。それは、大正九年に組合内へ組合の先覺者等のみによつて玉糸研究會が組織せられたことである。

　歐洲戰爭後、世界の經濟界は一大波瀾をまき起し總ての取引相場は急落し、玉糸も御多分にもれず、價格は約四分ノ一と云ふ大安價を現出して、金融は極度に梗塞され、目も當られぬ悲境を呈したが、組合員は、一致協同お互に助け合つた結果、氣の毒な倒産者は一人も出さず、組合の強固さを雄辯に、物語り、組合員も組合の有難さを、しみじみと身に感じて、增々緊張業務の改善を企圖して、いよいよその發展の爲め玉糸研究會なるものを組織し製品の、改良、繰糸方法の科學的研究、工場管理及經營法の改善等に銳意努力し、最近は玉糸に關係のあるものや、經濟書等を集めた專門的の圖書舘を組合内に設置し工場主を始め、女工男工等に利用せしむる、計畫さへ立てられ、着々準備中であると聞いて居る。同組合が組織されて以來、組合の發展はいよいよ素晴らしく、大正十二年九月一日疾風的に起つた、關東大震災には、之れまでの樣な、みじめな狀態を呈する事もなく、無事に、あの難關を、突破し得たのである。成立以來春風、秋雨を過ぐること約三十星霜(せいそう)この間戰亂や、天變地異の爲めに幾多の波瀾(はらん)曲折、有つたが。組合員の血がにじみ出る樣な奮鬪は、むなしからず、製品は、質と、量に於て全國斯界の覇を握り、販路は大いに擴張し、國内は勿論、遠く歐米各國、南洋印度、エジプト等、全世界

へ渡りドシドシ輸出され品質優秀價格低廉を以て三州玉糸の聲價頓に高められたのである。

　玉糸の發達がよく判る樣に面白くなからうが、數字を記して見る。之によつての消長を充分うかがひ知る事が出來るだらう。

(イ) 組合員及釜數

年　　　次	組合員	釜　　數	年　　　次	組合員	釜　　數
	人	個		人	個
明治三十五年	六九	一七八〇	全　四十二年	一一二	五三一〇
全　三十六年	九四	二四五〇	全　四十三年	一〇〇	五〇七〇
全　三十七年	九七	二〇一八	全　四十四年	一〇一	五三三八
全　三十八年	一二一	四六五二	大正　元年	一〇五	六〇二二
全　三十九年	一二一	四九六三	大正　二年	一〇五	六二六二
全　四十年	一二五	五二九一	全　三年	九五	六六一九
全　四十一年	一二〇	五一〇八	全　四年	一〇〇	七五八三
全　五年	一〇二	八八四四	全　十一年	一一六	一〇五二一
全　六年	一〇一	一〇〇一二	全　十二年	一一六	一〇六八六
全　七年	一一九	一一二五二	全　十三年	一一三	一一〇二一
全　八年	一三三	一二三八〇	全　十四年	一〇八	一〇七五二
全　九年	一三八	一二二九六	昭和　元年	一〇六	一〇八二二
全　十年	一二六	一一一九四			

(ロ) 製産額及價額

年　　次	製　産　額	價　　　　額	年　　次	製　産　額	價　　　　額
	梱	圓		梱	圓
明治三十五年	二一九	五七七、五六二	仝　四年	一七一四三	四、六〇七、四八六
仝　三十六年	三一一五	一、〇〇八、六一一	仝　五年	二〇六六五	六、七六五、二〇五
仝　三十七年	四〇一五	一、〇三三、八七五	仝　六年	二五七七六	一〇、四八八、〇五七
仝　三十八年	五一八六	一、五〇三、六〇八	仝　七年	二五四七六	一四、二九四、〇九五
仝　三十九年	六四〇九	二、二六九、〇五〇	仝　八年	三一三一三	二九、〇三六、二九五
仝　四十年	六六四〇	二、〇五八、四〇〇	仝　九年	一八七三二	九、〇三七、二一二
仝　四十一年	七二二〇	一、九四九、五〇〇	仝　十年	二四七五〇	一四、四六九、一四〇
仝　四十二年	八七五〇	二、二七五、五〇〇	仝　十一年	二五二九一	一三、四四六、四五〇
仝　四十三年	九九八九	二、五二四、〇七〇	仝　十二年	二六三二二	一五、五五一、六九〇
仝　四十四年	一〇一二五	二、三九九、二九四	仝　十三年	二三八二〇	一四、六二一、七二〇
大正　元年	一二〇五三	二、八四五、九一三	仝　十四年	四〇〇八七	一八、一五九、四五〇
仝　二年	一四六八五	三、四六八、一五七	昭和　元年	四一一三三	一六、三三八、三〇三
仝　三年	一二八九五	三、一〇七、八三八			

(二) 海外輸出數及内地販賣數

年　　　次	海外輸出	内地販賣	年　　　次	海外輸出	内地販賣
	梱	梱		梱	梱
明治三十五年	七〇	二〇四九	仝　　四年	一二一九	一五九二四
仝　三十六年	四〇〇	二七一五	仝　　五年	三一九八	一七四六七
仝　三十七年	一〇三五	二九八〇	仝　　六年	六四八一	一九二九五
仝　三十八年	八三一	四一九五	仝　　七年	六一六	二四八六〇
仝　三十九年	四三一	五九七八	仝　　八年	一二六	三一一八七
仝　　四十年	一二〇二	五四三八	仝　　九年	一〇八五	一七六四七
仝　四十一年	一七四〇	五四八〇	仝　　十年	七〇〇	二四〇五〇
仝　四十二年	二七八〇	五九七〇	仝　十一年	三三〇八	二一九八三
仝　四十三年	三一八九	六八〇〇	仝　十二年	二一八六	二七一三六
仝　四十四年	二四六一	七六六四	仝　十三年	四九一三	二八九〇七
大正　元年	二〇四五	一〇〇〇八	仝　十四年	五四一〇	三四六七七
仝　　二年	一六〇一	一三〇八四	昭和　元年	四三〇六	三六八二七
仝　　三年	一六四三	一一二五二			

　然して之に從事して居る女工男工の數は、明治三十五年約二千人であつたが、昭和元年度には其の六倍約一萬二千人に達して居る。

同　（十月二十九日記事）

玉糸の巻（四）

　生産数量が增加と物價騰貴によつて、組合員がその工場經營して行く費用がかさみ出し、ことに最近は工場法の、改正と共に工場組織や、工女工男等の待遇が、改善されるやうになり、生產費がウナギ上りに增額して來たのに反し、數年來の大不況にたゝられてゐる、此の頃は業者もいさゝか僻易の体である、試みに、工女工男等の食費を一圓三十錢と假定して見ても、現在約一萬二千人であるから一日食費三千六百圓一ケ月には驚く乍れ、約十一万圓の巨額で、しかもこれは勞働賃金や他の諸雜費を差引いた全くの食料だけであるから、隨分澤山な生產費を要することは、此の一事を以てほゞ推察し得るであらう。また大小の工場が、何れも使用する石炭の、消費額を調べて見ると年々平均六千万斤、此の價格約百萬圓と云はれてゐる業者も、石炭の消費額が少なくないので、成可く經濟的に使用する樣、協議の結果石炭は、取扱ふ火夫の巧拙によつて、その影響する所が甚大であると、云ふ所から組合に技術員を常置して、各工場を巡廻せしめ、其の監督指導の任に當らすことにし大正八年四月より、實施し多大の効果をおさめて居る。

◇

　今秋龍駕を豊橋市に奉迎申し上げるに當り市當局は無上の事とて、市の特產物である玉糸を獻上品の一つに加へ、この程組合の模範製糸工場大林宇吉氏方に謹製方を依賴し宇吉氏が、監督指導の下に模範女工男工ら

によつて、美事な玉糸が謹製された事は、既に本紙で報道した通りであるが、玉糸がかゝる光榮によくしたことは、過ぎし日にも一、二回あつた。即ち、大正十二年十一月中旬、先帝陛下特別大演習御統監のため、名古屋離宮へ御駐輦の節組合から謹製品六點を、天覽に供し奉り内四點を御買上げの、光榮に浴し、また、大正四年十一月十日陛下御即位の大禮を擧げさせ給ふにより。組合は奉祝のため相合員渥美郡田原町高崎峰平氏に、委し、かくして玉糸二括を、謹製せしめ、本縣當局を經て、獻上し奉つたので、今回は、組合からではないが、兎に角二度目の獻上である、玉糸組合にとつては一大光榮であつて感激おく能はざるところである。

　組合を設置して、檢査規定を設け製品について嚴重なる檢査を實行し、束裝を、一定する等品位改良に努力した以來その聲價が年々、共に高められて、來たことは爭はれぬ事實で、それを雄辯に物語るものは、第五回内國勸業博覽會三河物産品評會等に組合員から、出品した製品に多數の受賞者を見また組合から、全國聖路易万國博覽會同國アラスカ、ユーコン、大平洋博覽會に、出品して、何れも、金牌受領の榮を賜り得、尚又第十回關西府縣聯合共進會へ、同組合の事業成績を出品して一等賞金牌を受領した等その數枚擧に遑なき有様で、斯くてこそ組合の團体標章が附された製品に、絶大の信用を持つて海外に取引され、その需要も增加し、今日の大發展を見るに至つたのである。

玉糸製造業者はいろいろの關係から、現在の工場經營法では、餘り發展が、出來ないだらうと、くろと筋に、觀測してゐる發展の餘地がない程、のびるだけ伸てしまつたのである。

　斯業の、過渡期時代とも云ふのだらう、方向轉換を何れに取らんかと、業者は大いに考へさせられてゐる。

　「玉糸は家庭工業から脱し得られないもので大規模にすればする程、採算がもてないものである」と現組合長金子丈作氏は語つてゐる。

追想
私　の　印　象

矢　部　滿　房

　私が、本懸へ着任して間もない頃、御挨拶がてら、糸德社へ御伺ひしたのは、たしか、大正十三年の五月頃と、かすかに記憶に殘つてゐます。其の日私は、同社の玄關脇の應接室で、慮らずも、三州玉糸元祖小淵志ち子刀自に、お目にかかりすることが出來ました。

　刀自は私が其應接室へ入つたとき、火鉢を前に、椅子に倚つて居られましたが、令孫義一さんの紹介で、私から初對面の御挨拶を申上げると、ウナづきながら、穩（おだや）かな態度で之を受けられ、私が腰を下すのを待つて身を起され、輕い會釋（えいしゃ）を殘して、奧の方へお引き取りになつてしまひました。

其瞬間に受けた印象より外に、私は何にも持ち合はして居りません、然し其の時の印象が、今も猶先入主となつて、私の頭に深く強く殘つて居るのであります。

　其の先入印象を分解して、忌憚(きたん)なく列記して見るならば、

一、頭髪こそ眞白であるが、腰も曲がらず動作が極めて輕快で、トテモ八十路を目の前の老体とも見えぬ程であつたこと。

二、明朗なひとみ、引きしまつた口元、つやつやした顔などが、若い當時は勿論、今もなほ、強壯で敗けぬ氣であることを物語つてゐたこと。

三、私がかねがね三州玉糸の元祖なることを聞き知つて居たセイもあらうが、初對面當時言ひ知れぬ、崇敬感(すうけい)に打たれざるを得なかつたこと。

等でありますが、惟ふに刀自が僅か一代の間に、女乍らも獨り玉糸界の權威糸德社の大を致した許りでなく、三州玉糸の元祖と仰がれ、引いては能く、縣富、國富の大本を成就し得たことは、之れひとへに刀自の事業的天資に因るものであるが、其の優れたる健康と、不屈進取の、元氣とに負ふ所決して尠なくないと思ふのである。

　前記は、私が本懸へ來て間もない頃の先入印象であつて、夫れ以來、之に支配さるゝセイかも知れないが、私は、玉絲と云へば、刀自の白髪と、其健康を表示する風貌(ぼう)とが、目前にチラつき、何だか玉絲の神樣のやうな氣がしてならないのである。

◇　小笠郡雨櫻村上垂木　　青　山　勝　藏
（昭和四年三月二十八日）

　私は當工場を慕ひて、入場いたしたは、大正六年二月頃かと思ひます。當時煉瓦煙突の工事中でそれはそれは大混雜の時でありました、初めて場主様の御顔を拜しまして、何となく御高德のある方と、拜察いたしました。

　私は職務としては、雜役にて工場内或いは工場外に、種々なる仕事をさして頂きました。其當時場主様には、御年七十歳をお越しになりました。然るに御身体は、健にあらせられ、毎朝起床の汽笛鳴らざる以前、御起床身を清めあり、神佛に向つて日々の行事の、御安泰を御祈りあらせられ、食事終れば、それより各工場を御巡廻あらせられ、職工の動作に深く御注意遊されました。殊に糸屑等に目を留められ、決して粗末になさざるは是れ實に、塵も積りて山をなす、小を積んで大となすの語の如く、當時一の大工場たる此の大業を博せしは、僅少の物と雖も粗末にせざる、一の原因と深く感ずる次第であります。

　大正六七年の頃は、場主様の元住宅が事務所の直西にありました、建物はあまり立派でありませんでした、室内は焚火の爲め、一面煤煙に燻り居りました。其當時既に一方には高大なる、西洋館が造られ場主様の御居室等の立派に造られて居ります。然るに其の立派なる御室へは御移りにならふとしません度々衆人より御勸めしても、少しも聞き入れませ

んでした。

　或日私も塲主様に向ひ、其の所以を御尋ねしました、すると塲主様は「今はかかる立派なる家も出來時々皆の者より勸めてくれるけれども、彼の家に入り、まさか焚火も出來ないし、炭火は贅澤と思ひ、まあ此の家で暮らせば、焚火で心配もなく暖をとる事が出來る」と御話ありました。其の御言葉に動かすべからざる處が見えます。

　嗚呼、大工場の御主人と仰がるる御方は、却つて衆人の爲め、贅澤の擧動は少しもせず、焚火に暖を取るは實に恐縮の到りと感じました。

　其後極月二十八日の事でした、四五丁隔りたる西、後藤製糸より出火、二川未曾有の大火となり、漸々延燒し來り西隣、山長製糸は、工場部屋等はおろか、住宅全部を焼き拂ひ、遂ひに我が工場繭倉に燃へ移り、工女部屋住宅も焼盡し、續て事務所も一嘗と火勢益々強烈でありました。然るに當工場は水利の便よく、加ふるに男女工の必死の働、消防手の活動其の宜しきを得、遂ひに防止することを得ました誠に不幸中の幸とも云ふべきでありました。塲主様も愈よ元の住宅は灰燼と化し、是非なく西洋館に御移りになつた次第であります。

　火災後は直ちに改築工事に着手し、以前に優る建物を増築し、續て二川驛北に分工場を設け、何れも高大なる建物にして、益々盛大に繰糸の發展に努力しつつあり、私は當工場に從事すること五年に滿たず、其の間種々なる災厄あり、生糸の暴落等あり、製糸家の破産するもの數知らず、然るに當工場は不撓益々盛に努力しつつありとは、如何に塲主様の御高

徳の鴻大(かうだい)なるか、言を待たずして明かなりと云ふべきなり。

或　日　の　一　言

稲　垣　敏　男

　或公休日の日であつた。事務所の火鉢を取圍んで居ると、お婆様が来て、とぎれとぎれで、色々語られた末、誰かが一人お尋ねした「お婆様お幾つですか」と問へば、手を振りまくり、微笑(ほほえみ)ながら「まだ七十八だ、若い、これからだ」と申された。

　此の元氣な言葉には、元氣者の我々も驚かされて仕舞つた。總て人間は斯の如くありたい、ともすれば若い者でも、壯丁檢査(けんさ)でも過れば「もう年寄で駄目だ」等とかいふて、失望する人も往々あるが、總て樂觀主義で希望に滿ちて行きたいものです。此のお婆様の「これから」との言葉は、我々の實に學ぶべき、又實現せねばならぬ處である。七十八の高齢を以て迄、斯の如き觀念があれば、殆んどの事業は完成される事と信じます。此の意志あるが故に、女の身を以て男勝りの「立派な人」と仰がれる様になつたのであると思ひます。此の言葉はお婆様、御自身を支配した、決して平々凡々たる、一言ではなかつたのであります。

憶ひ出の數々

　　　　　　　　　　　　　　　　　金丸よし

　大正九年四月初めて、當工場に御厄介になりに参りました時、玄關へ出て、笑顔で迎へて下さつたお婆様、今猶目の前に浮かびます。幼なかりし私には、笑顔だけが嬉しかつた記憶となつて、殘つて居ります。朝早くから、工場の内をあちらこちらと廻りなされて、座繰に就いて色々と、御注意下された事も思ひ出されます。汚い切屑を洗つては、手屑の中へ入れる様繭を配りながら薄皮まで、手屑の様になされた事もありましたが、今やつと其の譯が判りました。

　口では余り話されず、實際にやつて見せて下さいました。お婆様の行ひは、姉様方を感化せしめ、それを又私達は教へられて、常に有形無形に、お婆様のお教を受けて参りました。今では工場の設備もよくなり、足屑も昔程は澤山ありません。又汚なくもありませんが、それを姉様の留守に少しづゝ調べさせて頂きますが、その度にこんな物をと言ふ氣が起りました。それでもお婆様や、姉様が自らこんな事を、おやりになるのだと、思ひ返す時は、今迄の私の考へは何處へか消えます。

　生命あるものは、何處迄も生かしてお使ひになつた、お婆様の御心は、私達女性の手本とすべきであると思ひます。今後はこのお教の一ツヅゝなりとも、多く守り、自己の爲、工場社會の爲めに、努力する考へで御座います。

思 ひ 出

　　　　　　　　　　　　　　　　　　藤　田　ゆ　り

　いつになく空が靜かである。硝子越しに見ゆる草木も靜まり、何となく淋しい……ふとある一人がお婆様が亡くなられたと言つた。其の瞬間私の胸には、早鐘を打つ様に響いた。噫、お婆様がお婆様がと、我知らず口走つた。

　頭の底には色々な事が浮んで來る。私が此の工場に入場したのは、四ケ年前のことであつた。其の當時お婆様には、未だ達者で工場へよく廻つてお出た。そして前に立つて、廻らぬ口を動かしながら、もつとガラガラ廻はせと、手眞似をしては、私達を勵まして下さいました。其の後姿を眺めた私、髪は眞白く雪の如く、着物は粗末なものを召されて、何となく尊く思はれました。

　永い間慈母そして敬慕したお婆様の尊顔をと、心に祈りつゝ靜かに廊下を辿り行けば、幽かに「ナムアミダブツ」の稱名が聞へて來る。私の心はだんだん沈んで來た。御永眠なされたお婆様の前に座せし時、自然に手を合せ、ナムアミダブツ、の祈りを捧げたのである。

愛の心に厚いお婆様

　　　　　　　　　　　　　　　　　　伊　藤　順　一

　私が入場した當時は、お婆様は、七十八歳頃であられましたが、心は

若人の如く、常に事業場をお廻りになりました。私は仕上部に働いて居りましたが、毎朝六時頃、お見へになつては、今日はいく梱出るかと聞かれまして、出荷個數が多いと非常に喜ばれ、又夕方牛車が、たくさん繭を積んでくると、引いて來た人へは勿論、牛に迄も其の勞を謝するかの様な態度で、禮をば申さるる事も度々見受けられました。

お婆様は、老若男女の差別はなく、又動物や、植木でも、同じ様な愛をば常に掛けられて居られました。私は強くこのことが、念頭から消へないのであります。

おわりに

「富士見かるた」に「玉糸製糸の小渕しち」という１枚があり、旧富士見村民はその名を記憶してはいるが、小渕しちがどのような人か、どのように生きたのかを知る者は少ない。

豊橋市の発展に寄与した人物として大きく顕彰されている小渕しちを、出身地でももっと知ってほしい。絹産業の中でも特に製糸の部分を支えた小渕しち。男性に伍して当時は珍しかった女性の経営者としても遜色ない成果を上げた小渕しち。

しかしながら前橋市富士見町石井の彼女の地元でも、現在はその痕跡はほとんど残ってはいない。名前を記憶している人も多くはない。従って資

料は『亡き祖母のかたみ』(復刻版)と『糸の町』(橋山徳市著)のほか、大方の事柄は豊橋地方での資料に頼った。書名と著者名を記してお礼の言葉に代えさせていただきたい。

　上州の風土、気候にはぐくまれ、上州人らしい気質に加え、努力や辛抱強さを持った小渕しち。良き理解者、良き応援者、良き保護者に恵まれ、成功者と言われて讃えられ、慕われて晩年を終えた。

　故郷を出た彼女が、生きる手段とした座繰りの技が、養蚕製糸の先進地群馬の評価を高め、豊橋地方の発展に役立ったといわれるのは嬉しいことである。

「富士見かるた」より

た

玉糸製糸の小渕しち

糸徳製糸本工場平面図

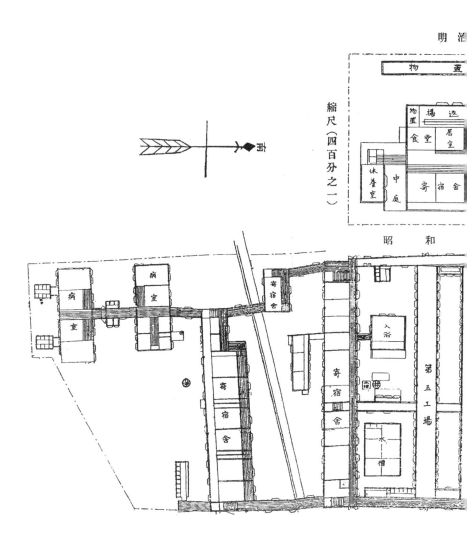

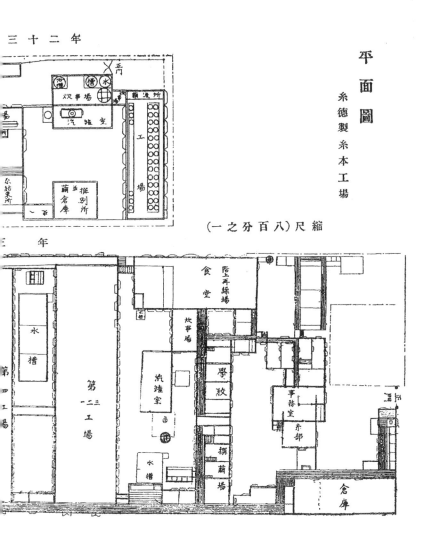

平面圖

糸德製糸本工場

（縮尺八百分之一）

小渕しち略歴

西暦	和暦	年齢	小渕しち略歴
1847	弘化4年10月2日	0歳	群馬県勢多郡富士見村大字石井字芝にて誕生。
1856	安政3年	9歳	座繰を母の指導で習い、糸にして前橋の市場へ売る。安政6年には生糸の海外輸出が始まる。
1862	文久2年	15歳	前橋の蔦屋三次の製糸工場へ工女としていく。
1863	文久3年	16歳	工場を退職。家で座繰を開始。
1864	文久4年	17歳	婿養子を迎え結婚。3年後長女よね出産。
1879	明治12年3月24日	32歳	しち、中島伊勢松（徳次郎）と出奔。
1879	明治12年6月	32歳	伊勢に向かう途中、二川宿の橋本屋に宿る。その後、田原町尾張屋に滞在し、繭を買い集め、4人の工女を雇い、2ヵ月間操業する。
1879	明治12年8〜9月	32歳	再び、二川の橋本屋に宿る。明治12年、二川の岡磧司の養蚕室を借り、女工10人を雇い製糸を始める。
1880	明治13年1月	33歳	繭不足で休業状態となるも6月再開。
1880	明治13年11月	34歳	山本喜一郎借家に移転、改造。
1881	明治14年6月	34歳	女工25人から36人に増加。
1882	明治15年11月	35歳	野口長五郎の裏長屋へ移転。2年間在住。
1884	明治17年	37歳	二川町に伝染病が流行。しち夫婦は無籍者のため疑われ、夫は入牢。しち保釈。大岩に300坪の土地を買い、100坪の工場を建設。釜数40個、男女工50人。後藤次郎蔵が入社し、会計方面担当、しちの相談役となる。
1885	明治18年	38歳	大岩町萬屋に借家。約10年間在住。
1886	明治19年	39歳	服役中の夫獄死。工場を「糸徳工場」と名付ける。
1892	明治25年	45歳	生糸業より玉糸専業となる。
1893	明治26年	46歳	製品が八王子、京都、福井地方へ取り引きされるようになる。
1897	明治30年	50歳	東郷内へ拡張移転、敷地200余坪の工場設立。釜数100個、生産品200余個。
1899	明治32年	52歳	炭火から一躍汽缶に代える。
1901	明治34年	54歳	三遠玉糸同業組合を組織。
1902	明治35年	55歳	東三玉糸（金桜）格、ロシアへ輸出。
1903	明治36年	56歳	第5回内国勧業博覧会に出品、賞状、銅牌を受ける。
1904	明治37年	57歳	二川菊水社設立。

1907	明治 40 年	60 歳	釜数 150 個、生産品 300 個。
1908	明治 41 年	61 歳	釜数 216 個、生産品 500 個。
1909	明治 42 年 3 月 28 日	62 歳	三遠玉糸同業組合功労賞記念杯を受領。
1910	明治 43 年	63 歳	小渕義一養子に。
1911	明治 44 年	64 歳	明治天皇名古屋へ行幸、輸出玉糸一括奉献。
1913	大正 2 年	66 歳	大日本蚕糸会愛知支部より功労表彰。11 月 15 日、名古屋離宮において天皇陛下に拝謁。
1914	大正 3 年 4 月	67 歳	愛知県知事より県下模範工場として視察される。
1914	大正 3 年 6 月 13 日	67 歳	名古屋離宮にて天皇に鶏格玉糸上覧、御買上。
1914	大正 3 年 7 月 9 日	67 歳	東三、一市五郡産業資料展へ工場の諸統計、写真、製品、その他を出品、一等賞を受ける。同年、大正博覧会へ玉糸を出品、銅牌を受賞する。
1917	大正 6 年	70 歳	玉糸製品の正量検査取引実施。
1918	大正 7 年	71 歳	本工場一部類焼、復旧。第二分工場を大岩町停車場前に設立。
1919	大正 8 年	72 歳	大暴風雨のため第二工場内 250 坪倒壊、復旧、釜数 248 個。
1920	大正 9 年 3 月	73 歳	第二工場内に大講堂建設。建坪 120 坪。経済界の打撃を受け、6 月より 3 ヵ月間組合全部休業。
1923	大正 12 年	76 歳	玉糸を欧米、南洋、インド、エジプトに輸出。
1923	大正 12 年 10 月 1 日	76 歳	しち、病気になり心身の自由を失う。
1925	大正 14 年 9 月 1 日	78 歳	豊橋市東田町へ第三工場設立、敷地 2,100 坪、釜数 100 個。
1926	大正 15 年	79 歳	三工場の釜数 828 個、男工 100 人、女工 900 人。
1928	昭和 3 年 11 月	81 歳	御大典につき地方賜饌を給う。二川北部小学校に奉安庫寄付。
1929	昭和 4 年 3 月 16 日		しち、午後 7 時 45 分亡くなる。
1930	昭和 5 年 3 月	―	小渕しち銅像建立。
1941	昭和 16 年	―	寄宿舎の空き室を利用して二川幼稚園を始める。
1948	昭和 23 年 2 月	―	火災のため一時休業。
1957	昭和 32 年 11 月 14 日	―	養子小渕義一没。
1957	昭和 32 年 12 月	―	製糸業廃業。
1986	昭和 61 年 11 月 16 日	―	小渕しち銅像再建。
2004	平成 16 年 2 月 18 日	―	小渕徳次郎を顕彰する句碑建設。

(橋本徳市『糸の町』をもとに作成)

参考引用文献

『群馬県の養蚕習俗』(県教育委員会　昭和 7.3.31)
『群馬歴史散歩　24号　25号』(大友農夫寿執筆分)
『小児病棟　江川晴』　読売新聞社 (昭和 55.10.23) 流れの糸　伊藤由紀子 (前記書内) 発行
『玉糸の町豊橋　糸徳製糸【改訂版】』橋山徳市 (昭和 62.10.1) 発行
『小渕しちと女工の生活』　豊田清子 (明治 25.3.1)
『豊橋蚕糸の歩み』　豊橋市近世民俗資料調査委員会 (昭和 50.3.30) 発行
『郷土豊橋を築いた先覚者たち』　豊橋市教育委員会 (昭和 61.8.1) 発行
『愛知県の歴史散歩』　山川出版社 (昭和 58.10.15)
『上州近世の諸問題』　山田武麿　山川出版社 (昭和 55.6.21) 発行
『上州のおんな　その歴史と民族』　みやま文庫 (昭和 52.1.20) 発行
『近代群馬の女性たち　大学婦人協会群馬支部編』　みやま文庫 (昭和 46.4.20) 発行
『群馬の養蚕』　みやま文庫 (昭和 58.1.3) 発行
『富岡日記　機械糸繰り事始め』　みやま文庫 (昭和 60.3.20) 発行
『富士見村誌』　富士見村役場 (昭和 29.11.23) 発行
『富士見村誌　続編』　富士見村役場 (昭和 54.10.1) 発行
『小渕しち』　丸山義二　復刻糸徳感謝会 (平成 11.9.30) 発行
『糸の町』　橋山徳市 (平成 2.10.15)
『亡き祖母のかたみ』　小渕益男／大岩寺住職 鈴木真哉 (平成 21.10.20) 復刻発行
『両毛と上州諸街道』　峰岸純夫／田中康雄／能登健　吉川弘文館 (平成 14.3.10) 発行
『世界遺産　富岡製糸場』　遊子谷玲　勁草書房 (平成 26.7.20) 発行
『富岡製糸場と絹産業遺産群』　今井幹夫　ＫＫベストセラーズ (平成 26.3.20) 発行
『ひとすじの糸』　馬場豊　これから出版 (平成 26.6.1) 発行

あとがき

　二十代から歴史、中でも古代史に興味をもっていた私は、折りにふれては万葉の故知などを訪ねて旅をしました。

　五十代頃から「古文書を読む会」に入り、近辺の地方文書(ちかたもんじょ)などを読みました。また東京に出て、グループ「桂の会」に参加し、近世の女性史を学び、江戸期の女性の紀行文や生活の日記を読み、それを翻刻して残す作業をしました。そしてその時代に生きた大名の夫人や、町人社会（主として商人）の女性の多彩な生き方を知りました。

　その時々の時代の流れの中で、一人の女がどのように生きたかを知ることは、自分自身の生き方を考え、顧みることにもつながります。

　小渕しちは上州の山麓の村に生を受け、三河地方の玉糸製糸を発展させ、そこで生を全うしました。

　私は一人の女の生を見つめながら、そこに関わりを持った多くの人たちがいることを、改めて考えさせられました。しちと糸徳工場の人たちのつながり、豊橋の地域でのつながり、そして豊橋と前橋とのつながり、更にさらに・・・とつながってゆきます。一人の生は広く社会とつながり、それとどう関わったかを問われます。

　小渕しちは金銭や社会的な名誉欲を持たなかった人でした。「働けば金は自然に入ってくる」とか「自分は繭を糸にすることによって得る利益だけで充分」とか、その恬淡さ、無欲さは生きる信念にもなっていたのでしょう。その生の中で、名誉も売名も思わず、地味に、質素に生きたのでしょう。

食事も衣服も粗末なままで不満を持たない生活であったと言われています。

　天皇陛下に拝謁を受けた折、しちは初めて紋付をつくりました。若い豊田佐吉と並んで写る記念写真が残されています。

　これを機会に小渕しちの、玉糸製糸の発展と功績とともに、その信念を貫き通した一人の女性として、その生き方にも注目してゆきたいと思います。

古屋祥子／こやしょうこ

昭和5年、前橋市富士見町生まれ。歌人。
コスモス短歌会選者（平成13年〜23年）
上毛新聞歌壇選者（平成21年〜27年）
総合女性史研究会／群馬歴史散歩の会会員

BOOKLET

前橋学ブックレット

創刊の辞

　前橋に市制が敷かれたのは、明治25年（1892）4月1日のことでした。群馬県で最初、関東地方では東京市、横浜市、水戸市に次いで四番目でした。

　このように早く市制が敷かれたのも、前橋が群馬県の県庁所在地（県都）であった上に、明治以来の日本の基幹産業であった蚕糸業が発達し、我が国を代表する製糸都市であったからです。

　しかし、昭和20年8月5日の空襲では市街地の8割を焼失し、壊滅的な被害を受けました。けれども、市民の努力によりいち早く復興を成し遂げ、昭和の合併と工場誘致で高度成長期には飛躍的な躍進を遂げました。そして、平成の合併では大胡町・宮城村・粕川村・富士見村が合併し、大前橋が誕生しました。

　近現代史の変化の激しさは、ナショナリズム（民族主義）と戦争、インダストリアリズム（工業主義）、デモクラシー（民主主義）の進展と衝突、拮抗によるものと言われています。その波は前橋にも及び、市街地は戦禍と復興、郊外は工業団地、住宅団地などの造成や土地改良事業などで、昔からの景観や生活様式は一変したといえるでしょう。

　21世紀を生きる私たちは、前橋市の歴史をどれほど知っているでしょうか。誇れる先人、素晴らしい自然、埋もれた歴史のすべてを後世に語り継ぐため、前橋学ブックレットを創刊します。

　ブックレットは研究者や専門家だけでなく、市民自らが調査・発掘した成果を発表する場とし、前橋市にふさわしい哲学を構築したいと思います。

　前橋学ブックレットの編纂は、前橋の発展を図ろうとする文化運動です。地域づくりとブックレットの編纂が両輪となって、魅力ある前橋を創造していくことを願っています。

前橋市長　山本　龍

| 前橋学ブックレット❾ | 玉糸製糸の祖　小渕しち |

発 行 日／2016年8月25日　初版第1刷
企　　　画／前橋市文化スポーツ観光部文化国際課
　　　　　　　　　　　　　　　歴史文化遺産活用室
　〒371-8601　前橋市大手町2-12-1 tel 027-898-6992
発　　　行／上毛新聞社事業局出版部
　〒371-8666　前橋市古市町1-50-21 tel 027-254-9966

Ⓒ Jomo Press 2016 Printed in Japan

禁無断転載・複製
落丁・乱丁本は送料小社負担にてお取り換えいたします。
定価は表紙に表示してあります。

ISBN 978-4-86352-160-5

ブックデザイン／寺澤　徹（寺澤事務所・工房）

前橋学ブックレット〈既刊案内〉

❶日本製糸業の先覚 速水堅曹を語る（2015 年）
石井寛治／速水美智子／内海　孝／手島　仁
ISBN978-4-86352-128-5

❷羽鳥重郎・羽鳥又男読本 ―台湾で敬愛される富士見出身の偉人―（2015 年）
手島　仁／井上ティナ（台湾語訳）
ISBN978-4-86352-129-2

❸剣聖　上泉伊勢守（2015 年）
宮川　勉
ISBN978-4-86532-138-4

❹萩原朔太郎と室生犀星 出会い百年（2016 年）
石山幸弘／萩原朔美／室生洲々子
ISBN978-4-86352-145-2

❺福祉の灯火を掲げた 宮内文作と上毛孤児院（2016 年）
細谷啓介
ISBN978-4-86352-146-9

❻二宮赤城神社に伝わる式三番叟（2016 年）
井野誠一
ISBN 978-4-86352-154-4

❼楫取素彦と功徳碑（2016 年）
手島　仁
ISBN 978-4-86352-156-8

❽速水堅曹と前橋製糸所 ―その「卓犖不羈」の生き方―（2016 年）
速水美智子
ISBN 978-4-86352-159-9

各号　定価：本体 600 円 + 税